새로운
창세기

GENESIS
: The Deep Origin of Societies
by Edward O. Wilson

Copyright © Edward O. Wilson 2019
Illustrations copyright © Debby Cotter Kaspari 2019
All rights reserved.

Korean Translation Copyright © ScienceBooks 2023

Korean translation edition is published by arrangement with
W.W. Norton & Company, Inc. through Duran Kim Agency.

에드워드 윌슨

새로운
창세기

사회들의 기원에 대하여

GENESIS

데비 코터 카스파리 그림
김성한 옮김

사이언스 북스
SCIENCE BOOKS

인간 조건을 다루는 철학이 제기하는 모든 질문은 다음과 같은 세 가지로 귀결된다. 우리는 어떤 존재인가? 무엇이 우리를 창조했는가? 그리고 우리는 궁극적으로 어떤 존재가 되고자 하는가? 세 번째 질문, 즉 우리가 희구하는 우리 미래에 대한 답변은 매우 중요한데, 이것은 앞의 두 가지 질문에 정확히 답할 수 있어야 제대로 답할 수 있다. 대체로 보았을 때, 철학자들은 앞의 두 질문, 다시 말해 아득히 먼 옛날 인간 이전의, 그리고 인간의 과거와 관련된 질문에 확실한 답을 제시하지 못했고, 이로 인해 세 번째 질문인 인간의 미래에 관한 질문에 답하지 못하고 있다. 지금까지 나는 동물과 인간의 사회적 행위를 다루는 생물학 연구자로서 살아왔고, 오랜 경력의 막바지에 다가가고 있다. 그런데 최근 들어 나는 왜 가장 영민한 사상가들조차 이러한 실존적 문제들을 제대로 성찰해 볼 수 없었는지, 그리고 더욱 중요한 것은 왜 그들이 종교와 정치적 도그마에 쉽사리 예속되어 왔는지를 파악할 수 있게 되었다. 그 주요한 이유는 과학과 그것에 따른 기술은 분야에 따라 1년에 2배에서 수십 년에 2배에 이르기까지 기하급수적으로 성장해 왔지만 인간 존재의 의미를 설득력 있는 방식으로 다루기 시작한 것은 최근이라는 것이다.

역사상 대부분의 시간 동안 조직화된 종교는 자신들이 인간 존재의 의미를 알려주는 전권(全權)을 가지고 있다고 주장해 왔다. 이 종교들의 창시자와 지도자의 입장에서 보았을 때, 관련 수수께끼들은 상대적으로 해결하기에 용이했다. 즉 자신이 믿는 종교의 신들이 우리를 지구에 데려다 놓았고, 우리에게 어떻게 행동할지를 알려주었다는 것이다. 그런데 전 세계 사람들이 지구에 존재하는 4,000개 이상의 환상 중에서 하필이면 어떤 한 가지를 선택해서 믿음을 이어 가는 이유는 무엇일까? 그것은 부족 중심주의(tribalism) 때문이다. 나는 부족 중심주의가 인류가 탄생한 방식으로 인해 나타난 결과임을 보여 줄 것이다. 종교와 유사한 다수의 이데올로기뿐만 아니라, 조직화된 종교 혹은 대중 종교는 각각 특정 부족, 다시 말해 특별한 이야기를 매개로 매우 굳게 결속된 집단의 범위를 한정한다. 이 이야기에 담긴 역사와 도덕적 교훈은 흔히 다채롭고, 심지어 그 내용이 별스러울 때도 있는데, 이것들은 기본적으로 수정 불가능하고, 더욱 중요하게도, 다른 모든 경쟁 이야기보다 우월한 것으로 받아들여진다. 이러한 이야기는 부족 구성원들에게 특별한 지위를 부여하는데, 이러한 지위는 이 지구에서뿐만이 아니라 관측 가능한 우주를 구성하는 것으로 추정되는 은하 1조 개에 있는 모든 행성에서도 그러하다. 이로 인해 그들은 고무된다.

그리고 무엇보다도 우주적 믿음을 갖게 될 경우 개인의 불멸성을 손쉽게 보증받을 수 있게 된다.

『인간의 유래와 성 선택(The Descent of Man, and Selection in Relation to Sex)』(1871년)에서 찰스 로버트 다윈(Charles Robert Darwin)은 인간이 아프리카의 유인원에서 유래했다고 주장함으로써 앞에서 언급한 주제 전체를 과학적 탐구 영역으로 끌어들였다. 그의 가설은 당대에 충격적이었고, 많은 사람이 오늘날에도 여전히 받아들이지 않고 있다. 그런데도 다윈의 가설은 옳음이 입증되었다. 그 후 고생물학, 인류학, 심리학, 진화 생물학, 그리고 신경 과학이라는 다섯 분야의 현대 학문 연구자들은 협업을 통해 유인원에서 인간으로의 대전환이 어떻게 일어났는지에 대한 이해를 꾸준히 개선해 왔다. 이 연구자들의 공동 노력 덕분에 오늘날 진짜 창조 이야기의 윤곽이 점차 명확하게 드러나고 있다. 우리는 인간이 어떻게 탄생했으며, 언제, 그리고 어떻게 탄생했는지에 대해 상당한 양의 지식을 확보하게 되었다.

이렇게 알게 된 진짜 창조 이야기는 단지 신학자뿐만 아니라 과학자와 철학자 대부분이 처음 믿었던 바와는 상당히 다르다는 것이 밝혀졌다. 이러한 이야기는 인간이 아닌 다른 동물들의 계통이 진화해 온 역사에 부합된다. 이 계통 중 17개는 지금까지 이타성과 협동에 바탕을 둔, 발달된 사회를 이루어 살아가는 것으로 밝혀졌다. 나는 이런 내용을 바로 다음 장에서 다룰 것이다.

이후 이어지는 장들에서 나는 이 문제와 밀접하게 관련된 주제를 다루게 될 것이다. 이것 또한 과학자들이 탐구하고 있는 주제로, 이 탐구는 아직 초기 단계에 머물러 있다. 우리를 만든 힘은 무엇이었는가? 정확히 무엇이 우리 조상이 믿었던 신들을 대체했는가? 이 문제는 여전히 과학자들 간에 논쟁거리로 남아 있는데, 나는 이 문제를 충분히, 그리고 공정하게 다루기 위해 노력할 것이다.

차례

1
기원을
찾아서

인류가 얼마나 오랫동안 살아남을 수 있는지는 자신을 얼마나 충분하고 정확하게 이해하느냐에 달려 있다. 여기에는 단지 과거 3,000년 동안의 역사 시대, 신석기 혁명이 이루어지는 동안 시작되었던 1만 년에 걸친 문명 시대만이 포함되는 것이 아니다. 여기에는 완전한 모습의 호모 사피엔스(*Homo sapiens*)의 출현과 더불어 시작된 20만 년 동안의 우리 종의 역사에 대한 이해, 더 멀게는 현생 인류 이전 수백만 년에 걸친 계통의 역사에 대한 이해까지도 포함된다. 이것들을 이해하고 나서야 비로소 우리는 철학에서 제기되고는 했던 다음과 같은 궁극적 질문, 즉 '우리를 만든 힘은 무엇이었는가? 무엇이 우리 조상이 믿었던 신들을 대체했는가?'라는 질문에 자신 있게 답할 수 있게 될 것이다.

우리는 거의 확실하게 다음과 같이 말할 수 있다. 인간 심신의 모든 부분은 물리 법칙과 화학 법칙에 따르는 물질적 기반을 가지고 있다. 그리고 우리가 지속적인 과학적 검토를 바탕으로 말할 수 있는 것은 이 모든 것이 자연 선택을 통한 진화를 거치면서 탄생했다는 것이다.

기본적인 이야기를 이어 가도록 하자. 진화는 종의 개체군(population) 내 유전자 빈도의 변화로 이루어진다. 한 종(種, species)은 그 구성원들이 자연 환경에서 자유롭게 상호 교배를 할 수 있는 개체군, 혹은 일련의 개체군들로 (흔히 불완전하게) 정의된다.

유전적 진화의 단위는 유전자 혹은 상호 작용하는 유전자들의 총체이다. 자연 선택은 주어진 한 형태의 유전자(이것을 대립 형질(allelle)이라고 한다.)가 다른 형태(또 다른 대립 형질)보다 선호되는 환경을 표적(target)으로 삼는다.

사회들의 생물학적 조직화 과정에서 자연 선택은 항상 다차원적으로 작동해 왔다. 하위 계급의 개체들이 불임의 일꾼 계급을 이루는 일부 종의 개미와 흰개미에서 발견되는 '초유기체(superorganism)'를 제외하고는, 사회 구성원들은 각자의 지위, 짝짓기, 그리고 공동의 자원을 놓고 다른 구성원들과 경쟁을 벌인다. 자연 선택은 동시에 집단 수준에서도 이루어지는데, 이러한 선택은 각 집단이 다른 집단들과의 경쟁에서 얼마나 경쟁을 잘 수행할 수 있는지에 영향을 미친다. 애초에 개체들이 집단을 형성하는가 마는가 하는 문제는 물론이고, 어떻게 형성하는지, 그 조직이 더욱 복잡한 방향으로 성장하는지, 그리고 어떤 결과를 초래하기 위해 그렇게 하는지는 모두 그 구성원들의 유전자와 운명이 그들을 배치해 놓은 환경에 좌우된다. 진화 법칙에 다수준 선택(multilevel selection)이 어떻게 포함되어 있는지를 이해하고자 한다면, 우선 유전자 수준과 집단 수준이 무엇인지를 고찰해 보아야 할 것이다. 일반적으로 생물학적 진화는 '한 개체군의 유전적 구성의 변화'로 정의된다. 개체군은 전체 종 혹은 지리적으로 격리된 종의 구성원들 사이에 자유롭게 상호 교배를 하는 성원들로 이루어진다. 종은 자연 환경에서 자유롭게 상호 교배하는 개체들로 정의된다. 유럽 인, 아프리카 인, 그리고 아시아 인들은 (문화적으로 단절되지 않았을 경우에) 자유롭게 상호 교배를 한다. 이렇게 보았을 때, 우리는 모두 동일 종의 구성원이다. 포획된 상태에서 사자와 호랑이 간에 교배가 이루어질 수 있다. 하지만 그들이 한때 야생에서 함께 살았던 남아시아에서는 절대로 그렇게 하지 않았다. 이렇게 보았을 때, 이들은 다른 종으로 간주된다.

개체 선택과 집단 선택 양자 모두를 통해 생물학적 진화를 이끄는 추진력인 자연 선택의 특징은 다음과 같은 간단한 문구로 요약할 수 있다. *Mutation proposes, the environment disposes.* 즉 돌연변이는 제안하고, 환경은 처분한다. 돌연변이는 한 개체군의 유전자가 무작위적으로 변한 것이다. 이것은 첫째, 유전자 DNA의 염기 서열 변화로 일어날 수 있고, 둘째, 염색체 내의 유전자 사본들의 수가 변함으로써 일어날 수 있으며, 셋째, 염색체 내 유전자 위치가 변함으로써 일어날 수 있다. 만약 어떤 환경에서 어떤 돌연변이를 통해 규정된 형질이 그것을 실어 나르는 생명체의 생존과 번식에 상대적으로 유리한 것으로 판명된다면, 돌연변이 유전자는 증식하고 개체군 전체로 확산될 것이다. 반면 그러한 형질이 주어진 환경 내에서 불리한 것으로 판명된다면, 돌연변이 유전자는 매우 낮은 빈도로 유지되거나 완전히 사라져 버릴 것이다.

단순하게 설명하기 위해 한 가지 사례를 상상해 보도록 하자. (비록 완벽한 교과서 표본으로 활용할 수 있는 실제 사례가 없긴 하지만 말이다.) 80퍼센트가 푸른색 눈을 가진 새와 20퍼센트가 붉은색 눈을 가진 새로 이루어진 개체군이 있다. 이중에서 푸른 눈을 가진 새들의 사망률이 낮아져서 다음 세대에 더 많은 자손을 남겼다. 그 결과 다음 세대 새 개체군 구성이 90퍼센트의 푸른 눈의 개체와 10퍼센트의 붉은 눈의 개체로 변했다. 자연 선택을 통한 진화가 이루어진 것이다.

진화 과정을 적절히 파악하려면 다음과 같은 피할 수 없는 두 가지 질문에 과학적인 방식으로 답하는 것이 매우 중요하다. 첫째, '크기, 색, 개성, 지능, 그리고 문화와 같은 측정 가능한 어떤 형질의 변이에서 얼마만큼이 유전에 기인한 것이고, 얼마만큼이 환경에 기인한 것인가?'라는 질문에 답할 수 있어야 한다. 이분법적으로 판단할 수 있는 형질은 없다. 그 대신 유전율(heritability)이라는 것이 있는데, 이것은 특정 시간에, 특정 개체군 내 변이의 양을 측정하는 데 활용된다. 눈 색깔은 거의 100퍼센트의 유전율을 갖는다. 눈 색깔에 대해 '물려받은 것' 혹은 '유전적인 것'이라고 말하는 것은 옳다. 반면 피부색은 높지만 100퍼센트의 유전율을 갖지는 않는다. 이것은 유전 형질에 좌우되지만 태양에 노출되는 정도와 태양광 차단 정도에 좌우되기도 한다. 개성과 지능은 중간 정도의 유전율을 갖는다. 친절하고 외향적인 천재가 가난하고 교육을 받지 못한 가족에서 태어날 수도 있으며, 지능이 낮은 성마른 사람이 부유한 특권층에서 태어날 수도 있다. 집단 구성원 모두의 필요와 잠재성을 감안한 교육은 건강한 사회를 이루는 관건이다.

인간 개체군들이 인종, 혹은 더욱 전문적으로 말해 아

종(亞種, subspecies)으로 구분할 수 있을 정도로 그들 간에 충분한 유전적(높은 유전율과 관련된) 차이가 있는 것일까? 내가 이 주제를 소환한 이유는 인종 문제가 정치적으로 자기 잇속만 차리는 좌파와 우파가 잘못을 범하는 지뢰밭으로 남아 있기 때문이다. 이 문제에 대한 해결책은 지뢰밭을 우회해 합리적인 방식으로 비옥한 땅으로 나아가는 것이다. 인종은 개체군을 기준으로 정의되며, 따라서 그 정의는 거의 항상 임의적이다. 개체군이 별개로 존재하고, 일정 정도 고립되어 존재하고 있지 않은 이상, 인종을 구분한다는 것은 별다른 의미가 없다. 왜냐하면 한 종이 차지하고 있는 지리적 범위 전체를 통틀어 유전 형질들이 변할 경우, 그러한 형질들은 거의 항상 일관성 없이 변화를 일으키기 때문이다. 예를 들어 사람들의 크기는 남북으로, 피부색은 동서로, 물방울무늬 패턴과 관련된 먹을거리 선호도는 인간 종 전체를 통틀어 차이가 나타난다. 유사한 차이는 다른 유전 형질에서도 무한정 나타나며, 이것은 지리학적 변이의 실제 패턴이 손쓸 수 없을 만큼 무한한 수의 소규모 '인종들'로 분할될 때까지 계속된다.

진화는 모든 개체군에서 항상 일어나고 있다. 한쪽 극단에서는 한 세대 안에 새로운 종이 창출될 정도의 빠른 속도로 진화가 일어났다. 다른 쪽 극단에서는 매우 완만한 속

과학자들은 더 이상 진화를 하나의 이론이라고
생각하지 않으며, 입증된 사실이라고 생각한다.
진화의 총괄 책임자로서의 무작위적인 돌연변이를 통한
자연 선택은 현장에서의 관찰과 실험을 통해
설득력 있게 입증되었다.

도로 변화가 일어나서, 지금도 한 종을 규정짓는 특징이 그 종의 먼 조상이 가지고 있던 특징에 가까운 모습으로 남아 있다. 이러한 느림보들은 일상적으로 '잔존 생물(relict)' 혹은 '살아 있는 화석(living fossil)'으로 불린다.

100만 년에 걸쳐 일어난 호미니드(hominid, 사람속 동물) 뇌의 성장은 비교적 빠른 속도로 일어난 진화의 사례이다. 그들의 뇌는 호모 하빌리스(*Homo habilis*)의 900세제곱센티미터 정도에서 시작되어 그 자손인 호모 사피엔스에 이르러서는 1,400세제곱센티미터로 커졌다. 이것과 극명하게 대비되는 종은 소철류와 악어류이다. 지난 1000만 년 동안 그들의 형질은 대부분 별로 바뀌지 않았다. 이들은 적절하게도 '살아 있는 화석'이라고 불린다.

이제 생물학적 조직화의 진화에 대한 이해를 돕기 위해 또 다른 주제로 관심을 돌려 보자. 이것은 사회 생물학의 매우 중요한 주제이기도 하다. 표현형 유연성(phenotypic flexibility, 같은 유전자를 가진 생물이더라도 환경 조건에 따라서 다른 표현형을 발현시키는 능력을 가리킨다. ─ 옮긴이)이라는 것이 있다. 이것은 환경의 차이로 인해 나타난 표현형(어떤 유전자에 의해 규정된 형질)에서의 변화의 양을 말한다. 유연성의 종류와 양 그 자체도 유전 형질이기 때문에 진화할 수 있다. 한쪽 극단에서는 유연성을 규정하는 유전자들이 우리가 생각해 볼 수 있는 수많은 형질 중에서 오직 하나의 형질만을 허용하도록 설계될 수 있다. 물론 이것은 자연 선택을 통해 이루어진다. 어떤 사람이 물려받은 어떤 눈 색깔은 그 예이다. 다른 쪽 극단에서는 유연성이 가능한 반응을 다양하게 산출하도록 진화할 수도 있다. 이때 각각의 반응은 환경의 특별한 도전에 대한 적절한 대응 방식들이다. 이 경우에도 표현형 유연성은 예컨대 "신선한 음식을 먹어라, 상한 음식을 먹지 마라. (당신이 금파리나 독수리가 아닌 이상)"하는 것처럼 여전히 유전 법칙을 엄격하게 따르도록 규정하고 있다.

프로그래밍된 표현형 유연성은 어떤 간단한 서술을 통해 전달할 수 있는 것 이상으로 훨씬 미묘한 것일 수 있다. 예를 들어 어떤 종이 가지고 있는 유전자가 변형되어 심리학자들이 이른바 '준비된 학습(prepared learning)'이라고 하는 경향을 규정할 수 있다. 여기서 준비된 학습이란 특정 자극을 유사한 종류의 다른 자극보다 신속하게 습득하고, 이것에 더욱 강하게 반응하는 경향을 말한다. '각인(imprinting)'은 이것의 가장 익숙한 형태이다. 어떤 환경 속에서 어린 동물은 경합하는 모습들이나 냄새들 중에서 특정 모습 혹은 냄새를 한 번의 경험으로 학습하며, 그 후로는 오직 거기에만 전적으로 반응한다. 갓 부화한 새끼 거위들은 오직 어미 거위에게만 애착을 갖게 되지 않고, 자신들이 부화한 후 만나게 되는 최초의 움직이는 대상에게 애착을 갖게 되기도 한다. 새로 태어난 영양은 어미의 냄새에 집착하며, 어미도 이것과 유사하게 새끼들의 냄새에 집착한다. 개미는 다리가 6개 달린 완전히 발달된 모습으로 우화(羽化)하고 난 후 첫 며칠 내에 자신이 태어난 군락(colony)의 냄새를 학습하며, 평생 그 군락에 충성을 다하게 된다. 미성숙한 번데기 상태로 노예사냥개미(slave-making ant)의 군락에 사로잡힐 경우, 그 개미는 노예사냥개미 군락의 냄새를 각인하게 되며, 원래 태어난 군락에 속한 자신의 자매들을 공격한다.

나일비키르(*Polypterus bichir*)는 표현형 유연성을 나타내는 유달리 의미심장한 사례이다. 이들은 물을 떠나 땅에서 꾸물거리며 기어 다닐 수 있는 폐어이다. 흔히 폴립테루스 과(Polypteridae)의 물고기들과 일부 폐어들은 4억 년 전 고생대에 물을 떠나 육지에 서식하는 양서류로 진화한, 태고의 종과 가까운 계통으로 거론된다. 달리 말해 이들은 한 세상에서 또 다른 세상으로 건너온 진화 계통인 것이다. 최근 오타와 대학교의 에밀리 스텐던(Emily M. Standen)과 그녀의 동료들이 보고한 일련의 실험은 이러한 시나리오에 신뢰를 더한다. 이 연구자들은 갓 부화한 폴립테루스를 8개월 동안 땅에만 있게 한 다음, 물에서 양육된 다른 폴립테루스와 섞어 보았다. 땅에서 양육되었던 집단은 물에서 양육된 것들에 비해 더 빠르고 능숙하게 걸었다. 이들은 고개를 더 높이 들었고 꼬리를 덜 굽이쳤다. 심지어 그들의 해부학적 구조마저도 변했다. 예컨대 그들의 지느러미가 큰 힘을 발휘해 다리 대신 활용될 수 있도록 몸뚱이 앞부분의 뼈들이 성장했던 것이다.

이들과 다른 살아 있는 종에서의 유사 사례들은 해부학적 구조와 관련된 유전자들, 그리고 행동과 관련된 유전자들의 표현형 유연성이 어떻게 적응을 위한 주요 변화를 용이하게 만들었는지를 적절하게 보여 준다. (이러한 유연성은 진화의 주요 전환이 이루어지는 단계에서 실제로 그러한 역할을 했을 것이다.)

이러한 논의를 더 끌고 나가 보도록 하자. 개미와 불개미 계급(cast)은 진화 과정에서 극단적인 형태의 표현형 유연성을 갖춤으로써 그 수를 늘릴 수 있었다. 이러한 발견을 한 사람은 다윈이었는데, 그는 자연 선택을 통한 진화론을 구하기 위해 자기 나름의 설명 방식을 활용했다. 위대한 박물학자는 커다란 변화가 일어나는 불임성 암컷인 일개미의 존재로 인해 하마터면 거의 패배를 맛볼 뻔했다.『종의 기원(On the Origin of Species)』에서 밝히고 있는 바와 같이, 그는 이러한 일개미가 "처음에는 극복할 수 없는 특별한 난제로 보였으며, 실제로 자신의 전체 이론에 치명타를 가하고

나일비키르는 살아가면서 자신의 다리와 행동을 변화시켜
땅에 적응할지 물에 적응할지를 결정할 수 있는 폐어이다. 이것은 우리 자신의 매우
먼 조상을 포함한 척추동물이 어떻게 지상을 최초로 정복했는지를 보여 주는 사례로
널리 알려져 있다.

있다."라고 생각했다. 그는 다음과 말한다. "내가 말하려는 것은 곤충 사회에서의 중성, 즉 번식이 불가능한 암컷이다. 이런 중성 곤충들은 본능과 구조라는 측면에서 수컷과도, 번식이 가능한 암컷과도 크게 다르다. 또한 불임이기 때문에 스스로의 종족을 늘릴 수도 없다."

다윈이 『종의 기원』에서 제시한 해결 방법은 유전자 유연성(flexibility of genes)의 진화라는 개념을 최초로 선보인 것에 해당한다. 이것은 집단 선택 개념을 도입하고 있기도 한데, 이러한 개념에 따르면 발달된 사회의 진화는 군락들 내의 개체들이 아니라 전체 군락들이 가진 유전 형질의 추동을 받으며, 이러한 형질은 그 자체로 자연 선택의 표적이 된다.

선택이라는 것이 개체들뿐만 아니라 과(科, family)에도 적용할 수 있고, 따라서 바랐던 목표를 달성할지도 모른다는 사실을 상기할 경우 비록 극복 불가능해 보일지라도 이 문제는 줄어들거나 사라질 수 있다고 나는 믿는다. 예를 들어, 유독 향이 좋은 채소는 식탁에 오르고, 그 개체는 파괴된다. 그렇지만 원예가는 같은 품종의 씨를 뿌리고, 확신을 가지고 거의 동일한 품종을 얻게 될 것이라 생각한다. …… 따라서 나는 사회성 곤충에게도 마찬가지의 일이 일어났으리라고 믿는다. 무리 내의 몇몇 일원의 불임 상태와 관련이 있는, 구조나 본능에 일어난 약간의 변화는 무리 전체에 이로웠을 것이다. 그리하여 결과적으로 같은 무리의 생식 능력 있는 수컷들과 암컷들이 번성했고, 동일하게 변화된 구조나 본능을 가진 생식 불가능한 일원들을 생산하는 성향을 생식 가능한 후손들에게 전이했던 것이다. 그리고 나는 같은 종 내의 생식 가능한 암컷과 불가능한 암컷 사이에 엄청난 차이가 생길 때까지(우리는 이를 많은 사회성 곤충들에게서 확인할 수 있는데) 이 절차가 반복되었다고 믿는다.

이러한 두 과정, 즉 유전자 표현에서 통제된 유연성의 탄생, 그리고 집단 선택은 다윈에게서 그 전조가 나타났는데, 이것들은 그가 자신의 자연 선택을 통한 진화론을 구하기 위해 고안한 것이다. 지금부터 나는 이러한 두 과정이 진화에서 일어난 가장 커다란 진보(여기에는 여러 사회의 기원과 세상에서 우리가 차지하고 있는 위치에 관한 내용이 포함된다.)에 대한 오늘날의 이해 방식에 어떻게 도움을 주고 있는지를 보여주고자 한다.

2
진화의
대전환

———————————

지구 생물의 역사는 자연 발생적인 생명 탄생에서 시작했다. 수십억 년이라는 시간을 거치면서 세포가 형성되었고, 이어서 기관과 유기체, 마지막으로 200만~300만 년이라는 비교적 짧은 에피소드적 시간 속에서 무슨 일이 있었는지를 파악할 수 있는 종이 창출되었다. 인간은 무한정확장할 수 있는 언어와 추상적 사고 능력을 갖추었는데, 이덕분에 스스로의 탄생으로 이어지는 여러 단계를 상상해볼 수 있다. '진화의 대전환(Great Transitions of Evolution)'이라고할 이러한 일련의 진화 과정은 다음과 같이 전개된다.

1. 생명의 기원

2. 복잡한('진핵') 세포의 발명

3. 유성 생식의 발명. 이것으로 DNA 교환을 위한 통제 시스템이 구축되고, 종이 다양해졌다.

4. 다세포로 이루어진 유기체의 기원

5. 사회의 기원

6. 언어의 기원

당신의 육체와 나의 육체에는 대전환의 흔적들이 모두 남아 있다. 이러한 흔적들은 생명 역사의 모든 단계에서 탄생한 산물들을 실어 나르고 있다. 진화의 대전환에서는 맨 먼저 미생물(microbe)이 탄생했다. 우리의 몸 전체와 소화관에 퍼져 서식하는 오늘날의 세균(bacteria) 무리는 이것을 적절히 보여 주는 좋은 사례이다. 이들은 우리 개인의 DNA를 운반하는 세포들에 비해 10배나 많다. 다음으로는 유전적으로 인간의 몸을 이루는 세포들이 탄생했는데, 이러한 세포의 조상은 생명의 역사에서 매우 이른 시기에 융합해 더욱 복잡해진 미생물들이다. 이 융합체가 이후 변형되어 미토콘드리아, 리보솜, 핵막, 그리고 오늘날의 세포의 효율적인 형성을 돕는 다른 구성 요소들이 탄생했다. 이 세포는 세균 같은 단순한 '원핵(prokaryotic)' 세포들과 구분하기 위해 '진핵(eukaryotic)' 세포라고 부른다. 다음으로 우리 육체라는 역사책에 우리 몸을 이루는 기관(organ)들이 등장한다. 이러한 기관들은 태고의 바다에 살던 해파리와 해면, 그리고 여타 생물들의 진핵 세포 덩어리에서 만들어졌다. 마지막으로 인간이 등장했다. 인간은 언어, 본능, 그리고 사회 경험을 복잡하게 엮어서 사회를 조직하도록 프로그래밍된 존재이다.

우리는 38억 년간 이어진 계통을 따라 때로는 서서 걷다가 동요되었을 때에는 달리기도 하면서 허겁지겁 여기에 이르렀다. 자연 선택과 돌연변이가 초래한 예측 불허의 변화를 실어나르는 것 이상의 어떤 목적도 갖지 않은 채 말이다. 우리는 파충류 시대에 설계된 유도 시스템의 지령을 따르는, 두 발로 곧게 설 수 있는, 뼈들이 지탱해 주는 소금물 자루이다. 우리 몸무게의 80퍼센트를 차지하는 액체 속에서 순환하는 수많은 화학 물질과 분자는 대략적으로 원시 바다의 그것들과 동일하다. 우리의 사상과 학문은 '각각의 대전환기를 포함해, 선사 시대와 역사 시대에 이루어진 일들이 모두 우리를 지구에 자리 잡게 한 목적에 어떤 방식으로든 기여했다.'는 널리 퍼져 있는 믿음에서 동력을 얻고 있다. 이러한 믿음에 따르면 38억 년 전 생명이 기원했을 때부터 지금까지 일어난 일들은 모두 우리를 위한 것이었다. 호모 사피엔스가 아프리카에서 거주 가능한 주변 세계로 확산된 것도 예정되어 있었고, 이러한 확산은 지구를 마음대로 다룰 수 있는 양도할 수 없는 권리를 이용해 지구에 대한 우리의 지배를 확립하기 위한 포석이었다고. 나는 이와 같은 실수를 범하는 것 역시 진정한 인간 조건이라고 주장하는 바이다.

이제 대전환에 대해 더욱 자세히 살펴보도록 하자. 첫 번째 전환이자 생생하게 그려 보기가 가장 어려운 사건은 생명 자체의 기원에 관한 것이다. 이 사건과 관련해서 매우 포괄적이면서도 정밀한 추정이 이루어져 왔는데, 여전히 여러 세부적인 문제들이 불확실한 상태로 남아 있다. 일반적으로 과학자들은 지구 최초의 유기체가 세균, 그리고 세균과 유사한 고세균(古細菌, Archaea)이라는 데 동의하고 있다. 이러한 유기체는 사실상 무한정 진행되는, 원시 바다에 존재하는 분자들의 무작위적인 조합으로부터 자가 조립을 통해 복제 시스템이 되었다. 이런 식의 획기적인 도약이 이루어진 구체적인 장소가 어디인지에 대해서는 아직 알려진 바가 없다. 하지만 오늘날의 지배적인 의견은 바다 밑에 존재하는 화산 근처의 열수 분출공이 그 장소라는 것이다. 원시 시대에 그랬던 것처럼, 해양 바닥에 존재하는 균열은 화학 물질이 풍부하게 함유된 물을 끊임없이 가열하고 휘젓는다. 분출하는 거품 그물망의 중심에서 바깥쪽으로 물리적, 화학적 성분들이 풍부하게 만들어지는데, 이러한 환경은 무작위적으로 분자가 합성될 수 있는 자연 실험실이 되어 준다.

이 모든 것이 어떻게 시작되었을까? 우리는 생물학자들이 생명을 창출해 내게 될 경우, 그리고 그들이 실험실에서 화합물을 합성해 세상에 살아 있는 것들과 비교할 만한 유기체를 만들어 낼 경우, 생명이 어디에서 어떻게 기원했는지 더 많이 알 수 있게 될 것이다.

멀리 떨어져 있는 항성계에서건, 우리 지구에서 가까운 행성에서건 만약 우리가 생명을 발견하게 된다면 더 많은 것을 알게 될 것이다. 우리가 사는 태양계에서 생명이 발견될 가능성이 가장 큰 지역 중 하나는 화성의 지하 1킬로미터에 있을 대수층이다. 파서 확인해 보자! 어쩌면 가능성이 더 큰 곳은 목성의 위성인 유로파에 있는, 얼음으로 둘러싸인 바다일지도 모른다. 이곳은 표면의 길게 갈라진 틈을 통해 접근 가능하다. 여기에 액체 상태의 물에 닿을 때까지 구멍을 내서 확인해 보자. 이러한 위대한 공학적 위업은 실제로 달성된 경우가 있는데, 최근 남극 대륙의 두꺼운 만년설에 구멍을 내서 보스토크(Vostok) 호의 100만 년 된 물에 도달한 것이 그 예이다. 놀라울 정도로 다양한 유기체들이 그 속에 사는 것으로 확인되었으며, 이들은 모두 생물학적 탐구를 기다리고 있다.

또 다른 유력한 후보지는 토성의 위성인 엔켈라두스에 있다. 엔켈라두스의 지표면에는 끊임없이 분출되는 거품 주위에 웅덩이가 형성되어 있으며 거기에 액체 물이 있다는 게 확인되었다. 그 물은 곧바로 기화되어 엔켈라두스에 의해 형성된, 토성을 둘러싼 고리로 날아가 버린다. 하지만 (어쩌면!) 액체 물이 담긴 웅덩이를 잠시 형성한 다음에 그렇게 될지도 모른다. 그 안에…….

인공 유기체를 만들어 내거나 태양계의 어딘가에서 외계 생명체를 발견할 경우, 그 충격은 우리 행성에서 일어난 대전환 중 일곱 번째와 여덟 번째 자리를 차지할 만큼 가공할 만한 게 될 것이고, 과학의 발달에 심대한 영향을 미칠 것이다.

이제 다시 원래의 이야기로 되돌아가자. 주요한 진화적 발달이 이루어지게 된 두 번째 사건은 세균 수준의 세포가 훨씬 복잡한 진핵 세포로 전환한 사건이다. 이러한 진핵 세포에서 인간의 몸을 이루는 부분들이 만들어졌다. 이러한 단계로 접어든 것은 대략 15억 년 전이었는데, 이때 주로 세포가 다른 세포를 포획하는 과정을 거쳐 미토콘드리아, 핵막, 리보솜, 그리고 여타의 세포 소기관(organelle, '작은 기관'이라는 뜻이다.)이 형성되었다. 세포 소기관들의 조합을 통해 각각의 세포는 훨씬 효율적인 분업 체계를 이룰 요소들을 확보할 수 있었다. 그리고 이 결과 더욱 크고, 더욱 복잡한 유기체가 탄생할 수 있는 발판이 마련되었다.

세 번째의 발전 단계로 성(性)이 발명되었다. 이로써 세포 간의 통제된, 그리고 규칙적인 DNA 교환이 가능해졌다. 또 환경 적응과 관련된 더욱 커다란 변이성이 산출되었고, 여기에 보조를 맞추어서 진화가 가속되었다.

네 번째의 주요 전환은 진핵 세포들이 조합을 이루어 다세포 생명체가 되는 사건을 통해 이루어졌다. 각각의 세포 안에 있는 세포 소기관과 유사하게, 세포들의 집합체는 견고하게 맞물려 하나의 유기체로 조직화되었고, 이것을 통해 분화된 기관과 조직이 탄생할 수 있게 되었으며, 이러한 수단을 통해 훨씬 광범위한 크기와 형태의 생물들이 나타날 수 있었다. 가장 오래된 것으로 알려진 화석으로 미루어 보았을 때, 우리는 모든 동물 종의 조상을 포함한 다세포 생명체가 지금으로부터 6억 년 전에 탄생했다고 생각해볼 수 있을 것이다.

다섯 번째의 전환은 동일 종의 개별 유기체들이 집단이 됨으로써 이루어졌다. 이와 같은 새로운 단계의 정점은 진사회성(眞社會性, eusocial) 집단의 출현이었는데, 진사회성 집단은 전문적인 역할을 담당하는 일부 개체들이 다른 개체들에 비해 번식을 적게 하는, 높은 수준의 협력과 분업이 이루어지는 집단으로 정의할 수 있다. 달리 말하자면 진사회성 종은 이타성을 실천하는 종이다. 알려진 가장 오래된 진사회성 군락은 흰개미에서 나타났는데, 이것은 지금으로부터 약 2억 년 전인 백악기 초기까지 거슬러 올라간다. 흰개미에 이어서 개미가 대략 5000만 년 후에 나타났는데, 두 집단—흰개미는 죽은 초목을 먹고 개미는 불개미, 그리고 다른 작은 먹잇감을 먹는데—은 모두 이후 곤충 세계를 지배하게 되었다. 아프리카에 살던 오늘날 인류의 원인(原人) 조상들은 지금으로부터 200만 년 전에, 아마도 호모 하빌리스라는 조상을 통해 진사회성에 도달했을 가능성이 매우 크다.

한 집단 내에서 개체들 사이의 협력은 다양한 형태의 상호 작용으로 시작되어 진화된다고 상상해 볼 수 있다. 협력이 시작되는 데 도움이 되는 것으로는 우선 혈연 선택이 있다. 이러한 선택에서는 한 개체의 행동이 자손 외에도 친척들의 생존과 번식을 증진시킨다. 친족도(degree of kinship)가 가까우면 가까울수록(사촌보다 형제가 가깝다.) 그 영향력은 더욱 효과적으로 발휘된다. 설령 이타주의자가 손실을 감수해야 한다고 해도, 그가 공통의 계통을 통해 사촌들과 공유하는 유전자들은 혜택을 받게 된다. 사람들은 대부분, 예컨대 팔촌보다 형제를 돕기 위해 자신의 생명과 재산의 희생을 감수할 가능성이 크다. 직관적으로 보았을 때, 혈연 선택은 집단 내에서 편애를 조장할 가능성이 매우 크다. 하지만 이러한 선택이 집단의 기원에 도움이 되는 상황들이 있다.

협력이 탄생하는 데 도움이 되는 두 번째 행동은 직접 호혜성(direct reciprocity), 즉 개체끼리 서로 혜택을 주고받는 것이다. 여러 동물 중에서 갈까마귀, 버빗원숭이, 그리고 침팬지는 새로운 먹을거리를 발견하면 동료를 부르는 개체들로 집단을 구성하는 동물들이다. 명금(鳴禽)들은 동일 종의 다른 새들, 그리고 다른 종들과 함께 주변에 앉으려고 하는 매와 올빼미에게 쉴새없이 달려들어 쫓아버린다.

협력은 친족성(kinship) 혹은 개별적으로 이루어지는 상호 교환과 상관없이, 간접 호혜성(indirect reciprocity)에 의해 촉발될 수도 있다. 이러한 호혜성에서는 한 개체가 단지 자신의 이익을 증진하기 위해 집단에 참여함으로써 이익을 얻게 된다. 만약 당신이 찌르레기 한 마리를 집단에서 떼어놓는다면, 찌르레기는 집단 내에서 했던 것과 거의 동일한 방식으로 먹이를 구하러 이리저리 날아다닐 것이다. 하지만 혼자일 경우, 찌르레기는 충분한 음식을 찾는 데 훨씬 어려움을 많이 겪게 된다. 특히 가족을 부양하는 경우에는 더욱 그러하다. 찌르레기는 혼자서 사냥을 할 경우 포식자라는 위험을 더욱 크게 감내해야 할 것이다. 반면 집단 내에 있을 경우, 찌르레기는 풍부한 먹을거리가 있는 곳으로 곧바로 날아갈 가능성이 훨씬 커지며, 적어도 집단의 한 성원이 그 위치를 알게 될 때 그러할 것이다. 그 집단은 다가오는 포식자를 발견해 경고음을 낼 가능성 또한 커질 것이다.

상대적으로 극히 짧은 지질학적 시간 동안 우리 종은 언어를 발명했고, 이것으로 여섯 번째 대전환이 일어났다. 여기서 내가 말하는 언어란, 진정한 언어를 말하지 얼굴 표정, 육체적 자세와 동작, 으르렁거리는 소리, 탄식, 찡그림, 미소, 웃음, 그리고 인간 대부분이 공유하는 다른 준(準)언어적 신호를 말하는 것은 아니다. 또한 아무리 다양하고 변조가 이루어진다고 해도, 내가 말하는 언어는 앵무새와 까마귀의 창조적인 재잘거리는 소리, 명금의 달콤한 지저귐, 혹은 포유류의 짖는 소리, 으르렁거리는 소리, 그리고 찍찍거리는 소리를 말하는 것이 아니다.

우리가 썩 능숙하게 의사 소통을 하고 있듯이, 동물들 또한 소리를 통해 의사 소통을 할 수 있다. 하지만 그들이 진정으로 언어를 사용하는 것은 아니다. 인간만이 사용하는 진정한 언어는 발명해서 자의적으로 의미를 할당한 단어와 기호로 이루어지는데, 우리는 이것들을 결합해 무한정 다양한 메시지를 창출해 낸다. (만약 당신이 언어의 무한한 생

주변에서 살펴볼 수 있는 수백만 종의 생물들은
지금까지 살아남은 생명체들이며, 단세포 세균,
그리고 여타의 단일 유기체에서부터 언어, 공감,
협력과 관련된 인간의 앞선 능력에 이르는 진화의 주요한
여섯 단계를 이런저런 방식으로 조명해 주는
진화의 산물들이다.

침략자를 무력화하기 위해 여러 종의 새들이 한꺼번에 모여서 침략자에게
달려들고 있다. 보금자리 영역을 공유하는 새들이 모여서 침입한 (중앙의) 새매를
둘러싸고 자신들의 둥지와 새끼들로부터 새매를 쫓아 버리기 위해 협력을 하고 있다.
(이 장소는 그림을 그린 사람의 오클라호마에 있는 자택 뒷마당이다. 침입자는
줄무늬새매(sharp-shinned hawk)이고, 둘러싸고 있는 새들은 파랑어치(blue jay),
뷰윅굴뚝새(Bewick's wren), 그리고 붉은가슴동고비(red breasted nuthatch)다.)

산성을 의심한다면, 무한히 이어지는 소수 중에서 하나를 골라 거기서부터 구두(口頭)로 세어 보라.) 이러한 메시지는 과거, 현재, 그리고 미래의 모든 시간으로부터 상상의, 그리고 실제의 이야기를 다양하게 만들어 낸다.

말하기에 읽고 쓰는 능력이 추가되었는데, 이러한 능력을 갖춤으로써 인간의 생각이 이론상 세계화될 수 있게 되었다. 인간은 자신을 둘러싼 모든 생명, 즉 모든 종과 모든 유기체에 대해 의문을 제기할 수 있다. 언어, 학문, 그리고 철학적 사유 능력을 갖춤으로써 우리는 생물권(biosphere)의 청지기 내지 그 마음이 되었다. 우리는 이러한 역할을 충실히 이행할 수 있을 만큼 우리의 도덕 지능을 강화할 수 있을까?

3
대전환의
딜레마

진화의 대전환은 생물학뿐만 아니라 인문학에서도 가장 중요한 질문 중 하나를 제기한다. 이타성이 어떻게 자연선택을 통해 나타날 수 있었을까? 특히 각각의 전환 단계에서, 어떻게 이타성을 가진 유기체들이 다른 집단 구성원들과의 경쟁이 존재하는 상황 속에서 자기 자신의 적합도(fitness)를 낮추지 않으면서 개별적으로 수명을 늘리고 번식을 증진시킬 수 있었을까? 집단 내 개별 구성원을 희생시키면서, 때로는 그 목숨마저 희생시키면서 집단의 복리를 증진시키는 진화의 메커니즘은 무엇이었을까?

진화의 대전환이 제기하는 이 딜레마에 어떻게 답하는지는 생물학, 그리고 인간의 사회적 행동의 심층 역사에 이르기까지 두루 영향을 미칠 것이다. 전투에서 목숨을 잃은 병사의 영웅적인 행동을 설명하려면 어떻게 해야 할까? 평생 가난하게 절제하며 살아가겠다는 승려의 서약을 설명하려면 어떻게 해야 하며, 자기 부정적인 애국심과 종교적 신념에 기인한 흉포한 행동을 설명하려면 어떻게 해야 할까?

한 유기체를 이루는 세포의 성장과 번식에서도 동일한 문제가 제기된다. 일부 세포들, 예를 들어 표피 세포, 적혈구, 그리고 림프구 등은 다른 세포들을 살아남게 하기 위해 특정 시간에 죽도록 프로그래밍되어 있다. 정확히 제시간에, 적절한 장소에서 죽지 못할 경우 모든 세포를 위험에 빠뜨리는 질병이 초래될 수 있다. 여러 종류의 세포 중에서 단지 하나의 세포가 이기적으로 증식하기로 선택했다고 가정해 보자. 이 경우 마치 커다란 자양분 단지에 떨어진 세균이 활동하는 모습과 다를 바 없이, 이 세포는 두서없이 증식해 다량의 딸세포를 만들어 낸다. 달리 말해 암이 되어 버리는 것이다. 그런데 어떤 세포 하나 혹은 당신의 몸을 이루는 수조 개의 세포들이 모두 방금 말한 세포가 한 일을 따라 하지 말아야 할 이유는 무엇일까? 세포가 자신의 처지를 모르고 세균과 같이 행동하지 않는 이유는 무엇일까? 물론 이것은 암 연구에서 핵심을 차지하는 현실적인 문제이기도 하다.

이처럼 극단적으로 있을 법하지 않은 일임에도 일어나는 현상을 진화의 '드래곤 챌린지(Dragon Challenge)'라고 부르는 게 적당할 듯싶다. 원래의 드래곤 챌린지는 중국 후난 성에 있는 톈먼(天門) 산에서 고안되었다. 드래곤 챌린지는 U자형으로 구부러져 있는 급한 커브 길 99개에 이은 경사 45도 계단 999개를 오르내리는 것이다. 그 끝에는 하늘의 문이라는 뜻의 이름이 붙은 천연 아치문이 있다. 계단이 거의 수직이라 걸어서 오르내리기도 힘들다. 하지만 심지어 오토바이와 자동차로 오르내리는 데 성공한 경우도 있다. 그리고 진화에도 이런 식의 도전이 적어도 여섯 번 있었다.

생물학적 진화의 드래곤 챌린지는 어떻게 성공을 거둘 수 있었을까? 그리고 어떻게 오늘날 존재하는 지구의 동물군과 식물군을 탄생시킨 방식으로, 또한 인간을 탄생시킨 방식으로 성공할 수 있었을까? 전환의 딜레마에 대한 해결책은 이른바 두 번째 딜레마를 적절하게 고찰한다면 발견할 수 있을 것이다. 자연 선택을 통한 진화는 신속하게 진행될 수 있다. 예를 들어 어떤 특정 형태의 유전자 열(列)을 고찰해 보자. 이 유전자 열이 이루는 대립 형질(1번)은 세대마다 두 번째 대립 형질(2번)과 경쟁 관계에 있다. 대립 형질 1번이 대립 형질 2번에 비해 10퍼센트 유리한 상황에서 대립 형질 1번의 빈도가 단지 10퍼센트에 지나지 않는다고 가정해 보자. 이 차이는 극도로 작게 보일 수 있지만, 100세대가 지나면 대립 형질 1번을 실어 나르는 개체군의 비율이 10퍼센트에서 90퍼센트로 늘어날 것이다. 요컨대 자연 선택은 우연한 진화적 변화를 매우 강력하게 추동할 수 있는 잠재력을 가지고 있지만, 그렇게 추동을 한 경우는 드물었다.

두 번째 딜레마는 자연 선택의 잠재력을 감안해 본다면 진화의 대전환이 일어나는 데 그렇게까지 오랜 시간이 걸리지 않았어야 했는데, 대개 수백만 년에서 수십 억 년에 이를 정도로 오랜 시간이 흐르고 나서야 비로소 전환이 이루어진 이유가 무엇이냐는 것이다.

기본적으로 진화의 대전환이 이루어질 때에는 어떤 경우에도 이타적 억제(altruistic restraint)가 이루어져 왔다. 사회의 기원 단계에서는 이기적 개미나 불개미 1마리가 군락 전체의 힘을 약화시키거나 파멸시킬 수 있다. 또한 미친 독재자 한 사람이 국가 전체를 파괴할 수 있다. 개인 대 집단 사이에 있을 수 있는 잠재적인 경쟁은 세포에서 제국에 이르기까지 생명의 모든 수준으로 퍼져 있다. 이들이 만들어 내는 갈등은 사회 과학 교과서를 채우고 있으며, 인문학을 끊임없이 풍요롭게 만든다.

억제와 이타성은 과학적으로 설명하기가 어렵다. 왜냐

진화의 대전환 각 단계에서 한 계단 위 단계에 도달하려면
생물학적 조직화의 낮은 수준에서 이타성이 필요했다.
예컨대 세포에서 유기체로, 그리고 유기체에서 사회로
나아가려면 이타성이 필요했던 것이다. 여기에서의
딜레마는 언뜻 보기에 역설적인데, 이것은
자연 선택을 통한 진화로 설명할 수 있다.

집단의 기원과 인간 이타성의 신비.

하면 이것들은 언뜻 보았을 때 생물학적으로 진화하는 군락이 갖기 어려운 특징처럼 보이기 때문이다. 이것들이 확산되려면 세포에서 사회에 이르기까지 생물학적 조직화의 모든 수준에서 '통상적인' 자연 선택에 맞서는 또 다른 자연 선택의 강력한 대응이 이루어져야 한다. 여기서 '통상적인' 자연 선택이란 하위 생물학적 조직화 단위들에 이미 자리 잡고 있는 기존의 선택 방식이다. 집단은 가령 유기체의 섭정을 극복할 수 있어야 하며, 개체의 이기적 성공에 절대적인 우선권을 부여하려는 태도도 이겨 낼 수 있어야 한다.

진화의 대전환 단계에서 나타나는 억제와 이타성을 놓고 여전히 갑론을박이 벌어지고 있고, 그 과학적 설명 역시 세밀한 측면에서 보자면 아직 완결되지 않았지만, 그 전체적인 그림은 마침내 뚜렷하게 볼 수 있게 되었다고 생각한다. 유기체들의 집합체로부터 사회가 탄생한 것을 둘러싼 문제는 대체로 해결되었다. 이러한 문제에 대해서는 실험과 현장 연구에 유전 이론을 적용해 봄으로써 이해의 폭이 증진되었다. 관련 실험들은 대부분 21세기에 수행되었다.

문제 해결은 문제거리가 매우 크다는 사실, 그리고 문제가 해결될 것 같지 않으며, 사실상 해결이 거의 불가능할 것 같다는 사실을 인식하는 데에서 출발한다. 진화의 드래곤 챌린지를 구성하고 있는 각각의 대전환들은 모두 극도의 난관을 뚫고 앞으로 나아간다.

유사하게 각각의 전환이 다음 단계로 나아가는 데에는 지질학적으로 오랜 시간이 소요되었으며, 거의 상상할 수 없을 정도로 많은 수의 구성 요소(화합물, 살아 있는 단순 세포, 진핵 세포 등)가 필요했다.

각각의 전환은 다수준 선택 ─ 개체 수준의 선택과 집단 수준의 선택이 합쳐진 것 ─ 을 필요로 하거나 최소한 그것을 통해 강화되어야만 했다. 무엇이 그 증거일까?

4
사회의
진화 과정

사회의 기원과 이어지는 사회의 진화를 가장 효과적으로 판독해 낼 수 있는 방법은 실제로 어떤 일이 일어났는지를 확인하는 것이다. 이것은 다른 모든 생물학적 과정과 시스템을 판독하는 경우와 다를 바 없다. 오늘날 수만의 동물종이 존재하기 때문에 이런 식의 직접적인 접근은 쉽게 이루어질 수 있다. 이러한 종들은 진화하는 사회가 나타낼 수있는, 생각해 볼 수 있는 거의 모든 수준의 복잡성을 드러내 보여 준다.

세균 군락 집단보다 발달한 조직화된 집단 중에서 가장 초보적인 집단을 이루고 있는 것이 곤충 무리이다. 이들은 자연계의 유령으로, 이곳에서 한 시간을 지내다 또 다른 곳으로 이리저리 이동한다. 가장 흔하게 살펴볼 수 있는 곤충 무리는 등애 같은 작은 벌레이다. 이 곤충 개체들이 홀로 비행할 경우에는 육안으로는 거의 볼 수 없다. 공중을 날아다니는 미소 곤충에는 매우 작은 파리, 기생벌, 딱정벌레, 진딧물, 총채벌레 등이 있는데 이들은 커다란 무리를 이룬다. 이들은 당신이 자연에서 일어나는 작은 일들에 꼼꼼하게 관심을 기울이지 않으면 좀처럼 육안으로 확인하기 어렵다. 혼자 비행할 경우 이들은 한 줄기 바람에 날리는 먼지 분자처럼 보인다. 당신 눈 근처를 지나갈 때에야 비로소 보인다. 그들의 존재가 분명하게 확인되는 경우는 어떤 종의 날개 달린 성체 수만 마리가 짝짓기를 위해 공중에서 무리 지어 모였을 때이다. 이들은 지름이 1미터 미만이거나 수십 미터에 이르는 구형의 촘촘한 집단을 이루고 그 속을 곡예사처럼 이리저리 날아다닌다. 그들의 무리는 마치 공중에 매달려 있는 것처럼 보인다. 당신이 이들 무리에 손을 집어넣으면(걱정 마라. 물지 않으니까.) 무리는 소용돌이치는 조각들로 나뉜다. 당신이 손을 빼면 무리가 재차 결합한다.

여러 종의 파리, 일부 종의 개미와 불개미 수컷과 단성 생식을 하는 여왕, 그리고 톡토기부터 매미와 잠자리에 이르는 다채로운 곤충들이 이와 유사한, 성적으로 흥분한 무리를 이룬다. 종에 따라서는 맨땅에 펼쳐진 살아 있는 매트를 형성하기도 하며, 쓰러진 나무줄기를 따라 행렬을 이루거나 무리를 짓기도 한다. 또 다른 종의 경우는 무리가 나선 모양을 이루면서 나무 꼭대기까지 오르다가 급기야 허공에까지 이르기도 한다. 우리가 보기에 가장 멋진 모습을 보여 주는 것은 뇌조, 능에, 그리고 무희새 들의 레크(lek)이다. 모든 조류 중에서 가장 멋진 모습을 보여 주는 것은 32종의 극락조들이다. 과시 행동을 하는 수컷들이 코러스라인을 이룬 것처럼 모인 것을 레크라고 하는데, 이들 중 일부는 암컷 관객들의 관심을 끄는 경쟁에 참여하기 위해 아주 먼 곳에서 날아오기도 한다.

다른 항성계의 행성에 생명이 있을 수 있다. (이것은 합당한 생각이다.) 그곳에서는 짝짓기 무리(mating swarm)가 자유 방임적으로 경쟁하는 것이 아니라 다른 방법으로 짝짓기를 하도록 진화했을 수 있다. 하지만 지구에서는 아니다. 내가 아는 한 가지 다소 약한 예외는 칠면조 레크에서 이루어지는 형제들 간의 협력이다. 이들은 짝을 이뤄 점잔빼며 거닐면서 서로 부리로 다듬어 주고 함께 뭉쳐 경쟁자들을 투기장 밖으로 몰아내기도 한다.

더 큰 복잡성을 향한, 생명의 완만한 진화적 전진의 제2막은 지속적으로 함께 먹이를 찾아다니는 집단에서 시작한다. 예를 들어 찌르레기 무리는 대개 함께 날아다니며 먹이를 구한다. 이들의 무리를 영어로 murmuration이라고 하는데, 이들의 무리는 10여 마리 이하로 이루어진 경우도 있고 100만 마리 이상의 개체로 이루어진 경우도 있다. 무리를 이루는 새들의 수는 즉시 구할 수 있는 먹을거리의 양에 따라 달라진다. 가장 커다란 무리들은 거대한 소용돌이 모양을 이루면서 하늘을 어둡게 하기도 한다. 그들이 보금자리에 들 때에는 마치 나무를 빽빽이 둘러싼 나뭇잎처럼 수없이 많은 수의 새가 함께 바짝 붙어서 나무에 내려앉는다. 그들이 먹이를 먹기 위해 한꺼번에 모여 무리를 이루면, 그 무리는 수 헥타르의 땅을 뒤덮을 정도로 큰 어두운 담요를 이루어 이동한다. 찌르레기들은 메뚜기와 잎이 짧은 풀에 사는 여타의 곤충들을 잡아먹는 데 특화된 포식 동물이다. 찌르레기 개체 입장에서는 메뚜기가 가장 많은 장소에 대한 지식을 공유하는 것이 유리하다. 그들의 전략은 많은 곤충이 숨어 있는 장소를 아는 우두머리들을 따르는 것이다.

이런 협업에서 우리는 모듈화(modularity)의 보편 원리, 즉 모든 생물학적 시스템은 어떤 식으로든 반(半)독립적이면서도 협력적인 집단으로 분기되는 경향을 가진다는 사실이 표현되고 있음을 발견할 수 있다. 서로 다른 집단에 속한 성원들은 설령 일시적이라고 해도 전체로서의 집합체에 기여하는 방식으로 기능을 전문화하고, 이것을 통해 각 개

수많은 생물 종은 다양한 종류와 정도의 사회적
행동을 보여 준다. 이것을 통해 과학자들은 인간과
다른 발달된 사회로 이어졌던, 개연성 있는 단계들을
재구성할 수 있게 된다.

체는 평균적으로 이익을 얻게 된다.

　나는 뉴잉글랜드의 교외에서 한 무리의 찌르레기들이 보금자리를 떠나 먹이를 먹는 장소로 이동하는 모습을 본 적이 있는데, 모듈을 이룬 그들의 이동 방식은 흥미를 자아낸다. 먼저 나무 꼭대기의 가지와 전화선 위에 빽빽하게 늘어서 앉아 있는 찌르레기 중 일부가 안절부절 못 하기 시작한다. 이어서 한 마리 또는 여러 마리가 함께 날아올라 근처에 있는 다른 나무나 선에 앉는다. 이 우두머리들과 그들 뒤를 따르는 찌르레기들은 먹잇감이 많은 장소를 분명히 기억하고 있으며, 신중하게, 조금씩 올바른 방향으로 날아간다. 이윽고 에워싸는 무리의 규모가 커진다. 그러다가 갑자기 가속이 붙는다. 양(+)의 되먹임을 통해 대대적인 약탈이 빠르게 진행된다. 날아가는 찌르레기들의 수가 많을수록 더 많은 찌르레기가 따라붙는다. 몇 분 안에 무리 전체가 하늘로 날아오른다.

　일단 먹이를 포식하는 장소에 이르면, 나이가 많고 경험이 풍부한 찌르레기들이 작은 구멍을 파서 풀뿌리와 흙에서 곤충을 노출시킨다. 젊고 경험이 적은 찌르레기들은 구멍을 이용해 남은 먹이를 얻는다. 이윽고 또 다른 모듈화 방식인 이른바 '구르기(rolling)'가 등장하는데, 이때 먹이를 먹는 무리들의 후방에서 작업을 하던 새들이 이륙해 물결을 이루며 전방으로 날아간다. 이런 식으로 찌르레기들은 계속해서 새로이 제공되는 곤충 먹잇감을 거두어들이며, 무리 전체가 구르면서 전진한다.

무리를 형성할 경우, 찌르레기의 개별 구성원들에게는 먹을거리를 더 많이 얻을 수 있다는 장점 말고도 또 다른 장점이 있다. 즉 그들은 적들, 예컨대 고양이, 여우, 족제비, 그 외 지상의 다른 포식자들, 그리고 그들 위에서 원을 그리며 맴돌고 있는 매들로부터 더욱 확실한 안전 보장을 받을 수 있는 것이다. 무리는 1,000개의 눈을 가진 고대 그리스 신화의 거인 아르고스와 같은 역할을 하면서, 대형이 불규칙하게 펼쳐져 있는 하나의 파수꾼이 된다. 무리 안의 어느 곳에서건 갑작스러운 날개의 퍼덕거림이 감지될 경우, 설령 이륙할 때보다 작은 몸짓이라고 해도, 이것은 다른 구성원들에게 경고가 된다. 실제로 이러한 일이 일어나면 몇 초 안에 무리 전체가 일제히 이륙해 높이 올라 소용돌이치다가 이내 다른 배열 방식으로 다른 장소에 내려앉는다.

수가 많으면 안전하다. 찌르레기들을 잡아먹는 포유류와 조류는 먹이 사슬에서 바로 위의 고리에 위치한다. 무리를 이루어 살아가는 그들의 먹잇감인 찌르레기의 수와 비교해 보았을 때, 그 포유류와 조류의 수는 상대적으로 적으며, 이것은 찌르레기의 수가 적은 경우에도 마찬가지이다.

양자의 수는 호응 관계에 있는 것이다. 찌르레기 무리는 먹이 포화도(prey saturation)의 보호도 받는 셈이다. 어떤 종류의 포식자가 잡아먹을 수 있는 먹잇감의 양은 엄격하게 제한되어 있는데, 만약 포식자의 수 자체가 그 종 구성원들의 영역 공격성(territorial aggression)에 의해 줄어들게 되면 더욱 그러하다.

마지막으로 찌르레기 무리가 순전히 수의 힘으로 스스로를 보호할 수 있는 또 다른 방법이 있다. 우연히든, 자연 선택의 설계를 통해서든, 공중에 떠 있는 집단이 촘촘히 무리를 형성하는 것은 맹금류의 입장에서 보기에 물리적인 장벽으로 느껴진다. 매가 사냥감으로 선택한 찌르레기 한 마리를 채기 위해 촘촘한 무리를 급습하려고 할 경우, 매는 다른 찌르레기와 충돌하는 사고를 각오해야 한다. 여기서 문제는 공기 역학에 관한 것이다. 날고 있는 찌르레기를 채기 위해 발톱을 뻗은 채, 몸을 비틀면서 시속 320킬로미터로 내리꽂는 새매는 특별한 위험에 처하게 된다. 한 끼 식사로서의 찌르레기는 결코 거저 얻어지는 것이 아니다.

자동적인 하위 집단(subgroup, 하나의 집단이 몇 개의 소집단으로 나뉘는 경우, 그 분화한 소집단은 먼저 집단에 대해 하위 집단이라고 한다. ─옮긴이) 형성으로서의 모듈화는 협력과 분업의 전조이다. 심지어 비교적 원시적인 유기체마저도 이런 식으

짝짓기 시 각다귀와 날개 달린 개미(위)는 동시 대량 출현으로써
포식자를 좌절시킨다. 찌르레기들 또한 무리의 간격을 촘촘히 하는데,
이렇게 하면 매가 찌르레기 무리를 헤집고 들어가기가 위험해진다.

로 고도로 정교한 시스템을 발전시켰다. 원형적(原型的) 사회(ur-society)를 이루는 이러한 생물에는 세균도 있다. 다른 측면에서는 단순한 이 유기체들은 정족수(定足數) 감지 기능(quorum sensing)을 사용한다. 이런 유기체의 개체들은 화학적 신호를 이용해 같은 종 구성원들, 때로는 다른 종 구성원들과 정보를 주고받는다.

세균이 화학적인 의사 소통을 통해 파악해 내는 것은 자신들이 속한 개체군의 상태와 밀도이다. 이러한 정보를 이용해 세균 개체는 자신들의 이동 속도와 번식률을, 병원성 종의 경우는 자신이 사는 숙주에 미치는 영향까지도 '결정'한다. 어떤 경우 세균은 보호막과 단단한 외막으로 엄폐된 안정된 집단을 형성하는 선택을 하기도 하는데, 이러한 구조를 바이오필름(biofilm)이라고 한다.

이처럼 세균은 한 세대 이전의 과학자들이 거의 상상할 수 없을 정도로 사회적인 생물임이 밝혀졌다. 이러한 미생물들이 마음을 가지고 있지 않다는 것은 말할 필요도 없다. 지속성을 가진 어떤 종류의 유기체 집단이 미생물 이상으로 진화할 수 있을지는 그러한 집단을 구성하는 개체들의 복잡성에 달려 있다. 멸치 떼를 주식으로 삼는 한 무리의 병코돌고래를 예로 들어 보자. 찌르레기와 마찬가지로 돌고래의 먹이가 되는 작은 물고기는 집단 구성원으로서의 혜택을 누린다. 이들은 수백만 마리에 이르는 집단을 이루어 날렵하고도 빠른 속도로 이리저리 돌아다니면서 매우 신속하게 먹을거리를 찾는다. 훨씬 더 소수로 이루어진 돌고래들의 무리에 맞서, 그들은 거대한 무리를 이룸으로써 개체 각각이 평균적으로 더욱 많은 이익을 누린다. 멸치 떼는 한 마리의 거대한 물고기와 같다. 천적은 그 끝을 조금 갉아먹을 수 있을 뿐이다.

멸치를 먹고사는 돌고래들은 자신들만의 방식으로 협력해 대규모로 군영(群泳)을 하는 먹잇감들을 밀친다. 집단을 이룬 돌고래들은 멸치를 둘러싸고 수영을 하는데, 이 움직임은 상당히 지능적으로 보인다. 그들은 둥글게 진을 치고 멸치 떼를 밀집된 공 모양으로 만든다. 마치 사과를 기분 좋게 한 입 깨물기 전에 이리저리 돌리는 것처럼, 돌고래들은 이러한 방법을 이용해 물고기 한 마리 한 마리를, 좀 더 정확히 말해 작은 집단의 물고기를 잡아먹는다.

돌고래와 영장류 같은 사회성 포유류, 그리고 더 큰 뇌를 가진 우리 인간은 가장 체계적인 조직을 이룬 세균, 그리고 군영하는 물고기보다 복잡한 사회 체제를 이루어 살고 있다. 이들은 미리 생각해 볼 수 있는 능력을 갖추었는데, 이러한 능력 덕분에 그들은 더 높은 수준의 질서로 자동적으로 인도된다. 이들은 집단 내 다른 구성원들을 개별적으로 알아보는 법을 배운다. 더불어 전체로서의 집단과 그 안에 있는 개체들을 염두에 두고 자신들의 행동을 계획하게 된다. 각각의 동물의 마음에는 가능한 선택지가 폭넓게 떠오르며, 이러한 선택지로부터 개체는 자신이 가지고 있는 정보를 교환하면서 균형을 이룰 수 있는 투자 전략이 무엇인지를 떠올린다. 각각의 집단 구성원들은 언제 협력하거나 경쟁해야 하는지, 언제 이끌거나 따라야 하는지를 습득한다.

자연 선택을 통해 만들어진 이 투자 전략은 개체와 집단 수준 모두에서 작동한다. 이 전략은 본능에서 기원한 것이지만, 어떤 연속 게임의 규칙으로 볼 수 있다. (나에게 최선은 무엇일까? 우리 집단에 최선은 무엇이고, 그에 따라 나에게 최선은 무엇일까?) 이러한 전략은 집단 내 다른 구성원들과 상호 작용하는 과정에서, 유전적으로 편향된 학습을 통해 습득된다. 가장 발달하고 연구가 가장 잘 이루어진 사회에서 사는 구세계 원숭이와 유인원에서 수컷의 규칙은 대개 다음과 같았다.

젊은 수컷 구세계 원숭이와 유인원이 성공하는 방법

* 만약 네가 아직 너무 어리고 작아서 상위 등급의 상대들에게 도전할 수 없다면 기다려라, 계획하라, 그리고 동등한

지위의 다른 성원들과 연합하라.

∨ 더 높은 지위의 멘토들에게 호감을 얻어라.

∨ 만약 네가 집단 행동 중에 함께 먹이를 구하거나 보초를 서는 것처럼 다른 구성원들이 맡지 않으려는 일이 무엇인지 알게 된다면, 가능한 한 그 역할을 맡아라. 그리고 경험을 통해 배워서 비슷한 연령과 계급의 젊은 수컷들을 이끄는 데 사용하라.

∗ 다른 수컷들을 지배하면서 집단의 중심부에 있는 암컷들과 교미를 하거나, 그렇지 않으면 (보통) 혼자 있는 파트너와의 은밀한 교미를 시도하라.

조직이 잘 갖추어진, 지속성을 갖춘 동물 집단들은 영구히 이어질 잠재력을 가지고 있다. 구성원이 죽어 사라져도 새로 태어난 구성원이나 집단에 속하는 게 허용된 다른 집단의 개체가 그 빈자리를 무한정 대체할 수 있기 때문이다. 주목할 만한 사례가 하나 있다. 프랑스령 기아나 열대 우림의 새 무리에 대한 개체수 조사를 한 적이 있는데, 관찰에 따르면 이동하면서 곤충을 잡아먹는 새들이 뒤섞인 이 떠돌이 무리는 적어도 17년 동안 그 무리가 지속되었다. 이 무리는 여러 세대의 새들로 구성되어 있었고, 각각의 둥지와 행동 범위도 그대로 유지되었으며, 종의 구성도 그대로 남아 있었다.

그런데도 이러한 초보적인 사회들은 사멸을 피할 수 없다. 이들은 그들의 생명을 위협하는 온갖 포식자를 사전에 고려할 수 없으며, 언제 먹을거리를 얻지 못하게 될지를 예측할 수도 없다. 지난 50억 년 동안 엄청난 수의 이런 사회들이 명멸했음에 틀림없다. 그중 극소수만이 다음 단계에 있는 가장 높은 수준으로 진화했다. 이것이 진사회성 사회인데, 이러한 사회에서는 군락이 번식을 전문으로 하는 '왕족' 계급과 노동을 담당하는 불임의 '일꾼' 계급으로 나뉜다. 진사회성은 진화에서 비교적 희귀하게 나타나는 것일 수도 있다. 하지만 이런 사회에서 가장 발달된 수준의 개체적 이타성과 사회적 복잡성이 나타났다. 이러한 특징을 갖춘 일부 종, 특히 개미, 흰개미, 그리고 인간은 진사회성 덕분에 지상의 생태학적 지배자가 될 수 있었다.

5
진사회성으로 향한
마지막 관문

진사회성은 언뜻 보기에 가장 성공적으로 진화할 것 같은 종에서 진화하지 않았다. 벌레든, 새든, 물고기든 여러 동물이 이루는 이런저런 다양한 유형의 무리가 아무리 지속성이 있고 구조화되었다고 해도, 내가 아는 한 그중 어떤 것들도 생식 계급과 비생식 계급으로 나뉜 군락을 탄생시킨 적이 없다. 나와 같은 생물학자들은 모든 사회 중에서 가장 진보된 이런 사회의 기원에 대한 단서를 찾기 위해 다른 곳을 찾아보아야만 했다. 그들은 전혀 다른 한살이(life cycle)와 전혀 다른 사회적 행동 방식의 종들에서 그들의 조상을 찾아보았는데, 이것이 더욱 전망이 있는 것처럼 보였지만 결국 훌륭한 선택이 아니었음이 확인되었다.

여기서 한 걸음 더 나아가, 진사회성은 생태학적으로 극적인 성공을 거둘 것이라는 기대가 있음에도 불구하고 생명의 역사에서 드물게 나타났을 따름이다. 관련 증거를 살펴보면 진사회성으로 나아가는 과정은 전형적으로 어떤 집단, 대개 어떤 가족의 구성원 일부가 평범한 부모와 그 자식들 사이 이타성을 능가할 정도의 이타성을 다른 구성원들에게 보일 때 시작된다는 것을 알 수 있다. 이런 과정은 적어도 소수의 개체들이 삶의 이른 시기에, 그리고 개체로서의 번식을 급작스럽게 포기하는 방식으로 진행되었다. 연구자들이 생각했던 것과는 달리, 이러한 과정에 이어지는 최종 단계는 가족 구성원들이 긴밀한 친족이라서 나타난 결과가 아니었다. 오히려 그 반대가 참이었다. 다시 말해 진사회성이 생겨나고 그 결과로 집단 내의 긴밀한 친족 관계가 나타나는 게 전형적이었던 것이다. 지금부터 나와 소수의 다른 사람들이 착안해 낸 이 반전을 설명해 보도록 하겠다. 먼저 지상 생명의 역사에서 곤충이 거둔 눈부신 성공의 배경부터 살펴보자.

화석을 연구하는 고생물학자들은 사회 생물학자들과 더불어 살아 있는 종에 대한 연구를 진행하면서 진사회성의 증거를 찾아 곳곳을 뒤지고 다녔다. 그들의 노력은 알려진 것만 100만 종 이상인 곤충에 집중되었다. 이 거대한 집합체에서 약 2만 종이 진사회성 곤충인 것으로 밝혀졌다. 진사회성 곤충은 주로 개미, 사회성 벌, 사회성 말벌, 흰개미로 이루어져 있다. 그러나 진사회성 딱정벌레, 삽주벌레, 진딧물도 존재한다. 이러한 목록이 길다고 생각할지 모르지만, 이것은 과학계에 알려진 100만 종의 현생 곤충 중 2퍼센트에 불과하다.

1970년대에 이르러, 우리는 진사회성 사회의 탄생이 드문 일이었을 뿐만 아니라, 곤충과 여타 동물들이 거쳐 왔던 오랜 진화사에서도 비교적 최근에 벌어진 사건이었음을 깨닫게 되었다.

진사회성이 비교적 드물게 나타났던 이유와 지질학적으로 최근에 나타난 이유는 이러한 사회성이 현생 곤충계 전체의 바탕이 되는, 위대한 진화적 혁신의 마지막 단계에 나타났다는 것일지도 모른다. 가장 이른 사건은 곤충 자체가 기원한 것이었다. 온갖 곤충들이 나타났고, 그 후 줄곧 육생 동물로 남았다. 만약 원시 곤충을 보고 싶다면, 숲이나 초원에서 몇 개의 바위를 뒤집고 톡토기, 낫발이, 좀벌레, 좀, 그리고 그들의 조상들과 비슷한, 날지 못하는 곤충들을 찾아보라. (곤충학자와 함께하면 더욱 유익하리라.)

곤충 전체에서 일어난 두 번째 혁신은 날개 비행을 하게 된 것이다. 덕분에 그들은 모든 동물 중 최초로 하늘을 지배하게 되었다. 이어서 등에 날개를 접어 넣을 수 있는 능력이 생겼는데, 이 능력 덕분에 어떤 종들은 날개 비행을 할 수 있게 되었을 뿐만 아니라 포식자들이 쫓아올 때 안전한 은신처로 급히 날아 도망갈 수 있게 되었다. 만약 이 순간 바퀴벌레가 떠오른다면 맞다! 그들은 이런 능력을 갖추게 된 최초의 곤충 중 하나이다. 다음 단계의 혁신은 완전변태를 하게 된 것인데, 이 과정을 거치면서 곤충들에서 해부학적 특성과 삶의 방식이 성체와는 근본적으로 다른, 미성숙한 형태가 진화했다. 예를 들어 애벌레는 식물의 잎을 먹으면서 자라다가 식물 꽃꿀을 취하는 나비로 변한다. 곤충은 변태를 함으로써 하나의 동일한 개체가 하나 이상의 식량원, 심지어 하나 이상의 서식지를 가질 수 있게 된다. 예를 들어 물에서 수영하던 잠자리 애벌레는 변태 과정을 거쳐 날개 비행을 하는 개체로 우화한다.

주요한 진화적 발달이 이어지다가 마지막 단계에 이르러 마침내 진사회성 군락이 생겨났는데, 이러한 군락은 곤충과 다른 절지동물의 역사에서 최초 3억 2500만 년 동안 일어난 주요 변화들이 반복적으로 있고 난 후에 생겨났다. 우리가 아는 한 그때까지는 개미, 흰개미, 또는 그들과 유사한 동물들이 지상 어디에도 존재하지 않았다.

지금까지 알려진 가장 이른 시기의 화석 곤충이 탄생한

것은 지금으로부터 약 4억 1500만 년 전, 데본기 전세까지 거슬러 올라간다. 그 후 (지질학적으로) 얼마 지나지 않아 분류학적으로 곤충목에 속한 동물들이 증가해 육지를 가득 채웠다. 지금으로부터 2억 5200만 년 전인 고생대 말기에 이르러 곤충계는 얼추 현재의 모습을 갖추게 되었다. 현존하는 28개의 분류학적 목 중에서 당시 존재했던 목은 14개였다. 고생대(석탄 삼림과 양서류의 시대)가 끝나고 중생대(파충류의 시대)가 시작될 즈음에 살아남은 생물 중에는 오늘날 우리에게 친숙한 종류의 곤충들이 포함되었다. 여기에는 다듬이벌레목, 뱀잠자리목, 그리고 풀잠자리목, 강도래목, 딱정벌레목과 뿔매밋과와 노린재목 등이 들어 있다. 이러한 조상 곤충들은 해부학적으로 그들의 현생 후손들을 닮았지만, 근본적으로 다른 세상에서 살았다. 만약 당신이 과거로 여행을 할 수 있어 고생대 말기 석탄 삼림으로 둘러싸인 늪에 가게 된다면, 당신은 거대한 나무처럼 자란 대왕야자, 속새, 그리고 나무고사리 같은 양치식물들을 보고 기이하게 여길 것이다. 당신은 고픈 배를 달래며 당신을 향해 어슬렁거리며 다가오는 짧고 굵은 다리를 가진 양서류인 미치류(labyrinthodonts)를 보고 분명(아마도) 겁을 먹게 될 것이다. 하지만 머리 주변을 윙윙거리며 날아다니고 다리를 기어오르는 곤충들을 곰곰이 살펴보면 곧바로 편안함을 느낄 것이다.

지금으로부터 4억 1500만 년 전과 2억 5200만 년 전 사이에 있었던 고생대의 진화사를 통틀어 화석 기록은 풍부하게 남아 있다. 하지만 진사회성 생명체의 존재를 알려주는 증거는 남아 있지 않다. 물론 이러한 상황은 더 많은 연구를 통해 바뀔 수 있다. 화석 기록은 언제나 완전함하고는 거리가 멀다. 진사회성 군락에서 살았던 종들은 화석 사냥꾼들이 여전히 찾지 못한, 드물게 존재했거나 국소적으로나 존재했던 개체군 내에 있었을지도 모른다. 오늘날의 진사회성 나무좀과 감관총채벌레처럼 숨겨진 생태적 지위(niche)에서 진화했을 수도 있다. 이런 가능성이 있음에도 불구하고, 풍부한 고생대 화석 침전물들 속 어디에서도 진사회성의 한 가지 특징인, 해부학적으로 구별되는 일꾼 계급의 흔적은 아직까지 발견된 적이 전혀 없다.

비록 무엇을 발견했다는 것이 아니라 발견하지 못했다는 부정적인 증거이기는 하지만, 이것은 발달된 사회의 진화를 전반적으로 이해하는 데 도움을 주기 때문에 주목받을 만하다. 이것은 진사회성이 드물었던 이유가 무엇이고, 지질학적으로 그처럼 늦은 시기에 나타난 이유가 무엇인지에 관한 중요한 의문을 제기한다.

오늘날의 곤충 세계에서 진사회성을 흔히 살펴볼 수 없

다는 사실은 이러한 사회성이 지질학적 역사에서 드물게 존재했다는 생각을 뒷받침해 주는 추가적인 증거이다. 현존하는 진사회성 군락을 창출한 모든 동물 중에서 독립적인 계통이 파악된 것은 17개에 불과하다. 독립적인 계통 중 셋은 열대 지방의 얕은 해양에서 발견되는 딱총새우(alphaeid shrimp)이다. (이들은 지금까지 알려진 유일한 진사회성 해양 동물이다.) 여왕 딱총새우와 일꾼 딱총새우들은 살아 있는 해면 안에 구멍을 파서 둥지를 만든다. 또 다른 두 독립적인 계통이 말벌과(Vespidae)에서 진사회성을 탄생시켰는데, 익숙한 사례로는 말벌(hornets, *Vespa*), 땅벌(yellow jackets, *Vespula*), 그리고 쌍살벌(paper wasps, *Polistes*)을 들 수 있다. 한편 나무좀들 사이에서 진사회성 계통 둘이 추가적으로 발견되었는데, 이들은 스콜리티드(Scolytidae)라는 분류학적 아과의 일원이다. (더욱 전문적으로 말하자면, 오늘날 스콜리티드는 바구밋과 쿠르키오니드(Curcionidae)라는 아과의 일원이다.) 스콜리티드는 침엽수림에 재앙이 되고 있는 소수의 종 덕분에 유명해진 종들의 거대한 집합으로 이루어져 있다. 또 다른 진사회성 종 둘은 아프리카의 벌거벗은두더지쥐(naked mole rats)로 땅속 깊은 굴에 사는 눈이 멀고 털이 없는 초식 동물이다.

이렇게 개별적으로 기원한, 발달된 형태의 사회를 이룬 계통 중에서 지금까지 남아 있는 것은 7개이다. 각각

진사회성을 이룬 것으로 알려진 종들 가운데 일부에 해당하는 동물 계통의 그림.
벌거벗은두더지쥐(가운데)가 사회성 말벌, 꿀벌,
흰개미(일개미들이 시중을 드는 거대한 여왕개미), 개미, 그리고
호박벌에게 둘러싸여 있다. (위에서부터 오른쪽으로)

의 계통은 개미, 흰개미, 구멍벌(sphecid wasps), 알로다핀꿀벌 (allodapine bee), 오고클로린벌(augochlorine bee), 삽주벌레 그리 고 진딧물이 되어 오늘날의 모습을 갖추게 되었다. (소키알라 페를루키다(Sociala perlucida)라는 중생대의 바퀴벌레는 학명으로 볼 때 진 사회성 종의 일원으로 해석되어 왔지만 이러한 해석은 입증된 것과는 거 리가 멀다.)

　　마지막으로 인간의 진사회성을 보여 주는 그럴듯한 사 례가 있다. 폐경 후의 할머니 도우미 '계급'은 이것과 관련 된 가장 강력한 증거이다. 인간 개체들은 사회에 유용하지 만 그들 자신의 번식에는 도움이 되지 않는 직업을 갖거나 사회의 부름에 기꺼이 동참할 준비가 되어 있기도 하다. 이 것 말고도 여러 사회에서 동성애자들은 타인에게 유달리 많은 도움을 주는 것으로 알려져 있는데, 이런 사실을 감안 하면 동성애자들을 진사회성 계급, 그것도 가능한 가장 선 명한 의미에서 그러한 계급으로 간주하는 것도 불합리하지 않다. 또 다른 증거로 들 수 있는 것은 전 세계의 조직화된 종교에 수도회 규칙이 널리 퍼져 있다는 사실이다. 이밖에 공식적으로 확립되어 존중을 받았던 초기 평원 인디언(Plains Indian)의 버다치(berdache) 시스템도 관련 증거에 포함시켜야 한다. 이러한 시스템을 채택한 아메리카 원주민들은 남성 이 여성처럼 옷을 입고 행동했다. (berdache는 아메리카 원주민에서 서구식 성 정체성 관념으로 규정할 수 없는 사람들을 부를 때 사용하던 용어이다. 일종의 멸칭이라서 1990년대 이후로는 두 영혼(two-sprit)이라는 용어가 주로 쓰이고 있다. ─옮긴이) 동성애 성향은 어느 정도 유전적 토대를 가지고 있으며, 관련 유전자의 생존 가능성을 높이면서 친척이나 더 큰 집단에 이익을 주는 듯하다는 점을 기억할 필요가 있다. 그 증거는 간접적이지만 강력하다. 인간 개체군 내 동성애 성향 유전자의 빈도는 돌연변이만 있다고 했을 때 기대되는 수준 이상이며, 이러한 사실은 그러한 성향이 자연 선택의 선호 대상이었음을 시사한다. 달리 말해, 기대되는 수준을 훨씬 넘어서서 오직 성 행동에 영향을 미치는 유전자의 무작위적인 변화만으로는 설명될 수 없다는 것이다.

지금까지 언급한 것 외에도 진사회성의 진화 계통이 앞으로 더 발견될 것임은 거의 확실하다. 이러한 계통은 살아 있는 무수히 많은 곤충과 다른 절지동물 중에 존재할 가능성이 가장 크다. 하지만 그 수가 모든 동물의 진화 계통, 그리고 이들에 포함되는 모든 종의 극히 작은 부분 이상이 될 것 같지는 않다. 반복해서 언급하는, 우리가 명심해야 할 움직일 수 없는 사실은 알려진 개미, 흰개미, 그리고 진사회성 벌과 말벌의 종들이 수, 생물량(biomass), 그리고 생태학적 영향력이라는 측면에서 세계를 지배하고 있지만, 이들이 여전히 100만 종의 알려진 곤충 종 중 극히 일부에 해당한다는 점이다. 우리는 앞으로 발견될 진사회성 종의 사례들이 희귀할 것이며, 그들이 변방의 위치, 다시 말해 조그맣고 전문화된 생태적 지위를 차지하는 데 머물 것이라고 예측해 볼 수 있다.

곤충이 세계를 정복한 시기는 눈여겨봐야 한다. 오늘날 살아 있는 진사회성 계통의 곤충은 중생대와 신생대 초기에 여기저기서 서로 독립적으로 탄생했다. 이들 중 흰개미들이 가장 먼저 탄생했는데, 이들은 트라이아스기 중세와 쥐라기 전세 사이(지금으로부터 2억 3700만 년 전~1억 7400만 년 전)에 바퀴벌레를 닮은 조상으로부터 진화했을 것으로 추측된다. 진사회성 꿀벌아과(Apinae)의 벌들, 특히 뒤영벌(봄비니(Bombini) 족), 꿀벌, 그리고 안쏘는벌(Meliponini)은 8700만 년 전, 백악기 말에 이르러 다양한 방식으로 탄생했음이 분명하다. 꼬마꽃벌과(Halictidae) 벌의 진사회성은 약 3500만 년 전, 고제3기(팔레오기) 중반에 탄생했다. 개미들은 약 1억 4000만 년 전, 백악기에 독침이 있는 어떤 말벌 조상으로부터 출현했음이 분명하다.

고제3기, 그리고 더 거슬러 올라가 백악기 후세에는 알려진 오늘날의 21개 개미 아과들 대부분 혹은 모두가 분기되었다.

진사회성이 이처럼 늦게 탄생한 이유는 무엇일까? 그리고 이러한 사회성이 그처럼 드물게 남아 있는 이유는 무엇일까? 특히 전반적으로 진사회성이 생태학적으로 매우 성공적이라는 게 입증되었음에도 그러한 이유는 무엇일까? 다세포 생물이 최초로 육지로 진출했을 때로 거슬러 올라가 보면 진사회성이 발달할 수 있었던 수많은 후보 진화 계통과 환경적 기회가 줄곧 있어 왔다. 얕은 담수 바다뿐만 아니라 육지도 마찬가지였다. 고생대 후기와 중생대 초기에는 적어도 수만 종의, 더욱 개연성 있게는 수십만 종의 곤충이 존재했고 이들이 다양화되었다. 이 기간 동안 곤충들은 광범위한 환경의 생태적 지위에 자리를 잡았다. 예를 들어, 석탄기 펜실베이니아세에 살았던 나무고사리류 프사로니우스(*Psaronius*)는 서로 다른 식습관을 가진 곤충 집단 최소 7개의 숙주였다. 이들의 잎사귀 소비 방식, 꿰찌르기와 흡입 방식, 줄기에 구멍 뚫는 방식, 혹을 만드는 방식, 포자 소비 방식, 그리고 나무 밑둥에서 깔개와 토탄을 삼키는 방식 등은 다양했는데, 이러한 삶의 방식, 그리고 여러 유형의 한살이와 분산 메커니즘은 이 시기에 만들어져 그 후로도 지속되었다. 또한 오늘날의 고생대 기원의 계통들과 마찬가지로, 여러 개체로 이루어진 집단 내에는 클론에서 근친도(relatedness)가 전혀 없는 경우에 이르기까지, 다양한 정도의 혈연적 연관성이 존재했을 것이다.

　오늘날에도 여러 곤충목에서, 먼 옛날 탄생했으면서도 여전히 진사회성을 갖추지 않은 서로 다른 패턴과 정도의 복잡성을 나타내는 사회적 군서(aggregation)들이 만들어지고 있다. 밀집된 상태에서 양육되는 새끼들은 어미의, 때로는 아비의 보살핌을 받는다. 어떤 경우에 이러한 새끼들은 그들의 부모에 의해 한 장소에서 다른 곳으로 옮겨진다. 종에 따라 새끼들은 둥지에서 보호받거나 둥지가 없는 상태에서 양육된다. 특히 뿔매미(Membracidae), 광대노린재(Scutelleridae), 물장군(Belostomatidae), 황철나무혹면충(*Pemphigus*), 군배충(Tingidae), 사마귀(Mantis), 집게벌레(Dermaptera), 그리고 등에 잎벌(Argidae) 등의 분류군에서 새끼들을 장기간에 걸쳐 보살피고 보호하는 모습이 관찰되었다. 일부 경우에 조직적인 이동이 가능한 밀집된 상태에서 유충, 성체, 또는 양쪽 모두를 양육하기도 하는데, 이것은 물맴이(Gyrinidae), 다듬이벌레(Psocoptera), 흰개미붙이(Embioptera), 밤나방(Noctuidae)과 솔나방(Lasiocampidae), 메뚜기(Romaleidae), 바퀴벌레, 잎벌(Tenthridinidae), 그리고 납작잎벌(Pamphiliidae) 등의 다양한 종에서 나타난다.

　이처럼 엄청난 수의 아사회성(亞社會性, subsocial) 곤충들과 다른 동물 종들로부터, 현생 진사회성 종들의 독립적인 계통이 매우 소규모로 탄생했다. 발달된 사회의 기원은 가족, 그리고 긴밀한 유대 관계를 맺는 여타 집단 내의 친족성의 정도와 상관 관계가 없음이 분명하다. 혈연적 연관성은 발달된 사회가 기원하게 된 핵심 요인이 아니다. 즉 이모든 계통에서는 예외 없이(최소한 알려진 범위 안에서는) 맨 먼저 진행적 돌봄(progressive care)이라는 전적응-(preadaptation) 방식이 나타났다는 것이다. 이러한 돌봄 방식은 비교적 드물게 나타나는데, 이것을 채택하는 동물들은 적들로부터 새끼들을 지속적으로 보호하며, 알에서 성체에 이르는 기간 동안 주기적으로 먹이를 주거나 주의 깊게 관찰하거나 양자 모두를 병행한다.

진사회성 창발의 전모(全貌)는 반세기 전 캔자스 대학교 찰스 미치너(Charles D. Michener)의 선구적인 벌 연구, 그리고 하버드 대학교 하워드 에번스(Howard E. Evans)의 선구적인 말벌 연구를 통해 드러나기 시작했다. 두 분 모두 나의 멘토였고, 개미에 대한 나의 초기 연구에 커다란 영향을 미쳤다. 두 분의 연구에서 비롯되어 전문가들이 지금까지 이어 온 연구에 따르면 진사회성으로 향한 단계는 전반적으로 다음과 같은 순서로 이루어진다. 첫 단계에서는 여러 종의 성체들이 둥지(nest)를 짓고, 꽃가루나 마비된 먹이를 방(cell)에 저장한다. 이어서 그들은 알을 낳고, 둥지를 봉하고 떠난다. 이들보다 소수의 종에서 2단계가 시작되는데, 성체들이 둥지를 짓고 알을 낳는다. 그러고 나서 성체들은 새끼들의 발달이 이루어지는 과정 내내 주기적으로 먹을거리를 제공하거나 둥지를 청소하면서, 혹은 두 가지 모두를 수행하면서 새끼를 돌본다. 마지막으로 현재 원시적인 진사회성 종으로 분류되는 훨씬 소수의 종들은 어미와 성체 새끼들이 둥지에서 함께 지내는데, 이때 어미는 주요한 번식 모체(reproductrix)의 역할을 하면서 알을 계속 낳으며, 새끼는 번식을 하지 않는 일꾼이 되어 함께 먹이를 구하고 노동을 한다.

분석가들은 다음과 같은 순서로 개미와 진사회성 말벌의 발달된 사회가 만들어졌다고 추론하고 있는데, 이것은 다음 쪽의 그림을 통해서도 확인이 가능하다. 대략 2억 년 전과 1억 5000만 년 전 사이인 백악기 전기, 침벌류(Aculeata)의 벌은 흙과 낙엽에 사는 곤충을 잡아먹었다. 만약 그들이 오늘날의 여름 자연 산책로에서 친숙하게 살펴볼 수 있는 동반자들인 침벌(Bethylidae), 개미벌(Mutillidae), 대모벌(Pompilidae), 구멍벌(Sphecidae), 굼벵이벌(Tiphiidae) 같은 현생 벌목의 종과 같다면, 그들 중 다수는 거미와 딱정벌레 애벌레를 먹이로 삼는 데 특화되어 있었을 것이다. 짝짓기 후 암컷은 냄새로 먹이를 찾아내서 공격해 침으로 마비 독을 쏘고, 이러한 먹이 각각에 알을 낳고 부화될 유충의 먹이로 남겼다. 한 예를 들자면, 현생 호리굼벵이벌속(Methoca) 침벌은 길앞잡이 유충의 굴에 침입해 그곳에 서식하는 유충에게 침을 쏘고 알을 낳은 후 희생양이 된 유충과 알을 그곳에 두고 떠난다.

이렇게 더 원시적인 사냥꾼들로부터 파생된 침벌들은 마비된 먹이를 그들 자신이 마련해 놓은 둥지로 옮기고, 알을 낳은 후 둥지를 봉한다. 그런 다음 다른 곳에서 똑같은 일을 반복하기 위해 떠난다. 가장 익숙한 사례 중에는 다리 밑과 집의 처마 밑에 흙으로 둥지를 짓는 다양한 종의 머드다우버말벌(mud dauber wasp, 구멍벌과에 속한다.)이 포함된다.

새끼와 함께 남은 침벌류 종도 소규모이지만 있다. 그들은 유충의 성장에 맞춰 신선한 먹이를 가져온다. 어린 것들이 다 자라면 그들과 어미는 각자 흩어진다.

마지막으로 성숙 단계에 맞춰 먹이를 공급하는 종의 아주 소규모 집단에서 어미와 새끼들이 함께 남아 진사회성 군락을 형성한다. 이러한 집단에는 개미와 진사회성 말벌의 조상들이 포함된다.

진화 계통과 종이 꾸준히 감소하는 이런 식의 순차적인 추세는 한살이와 관련된 흔치 않은 적응 방식이 있음을 시사하고 있다. 이것은 흔히 진사회성이 탄생하기 위한 유

말벌의 진사회성을 이끌어낸 사회성 행동의 진화. (위에서 시계 방향으로)
사회성 행동 진화의 첫 단계를 보여 주는 사례로, 암컷 침벌이 침을 쏘아
길앞잡이의 유충을 기절시킨 다음, 거기에 알을 낳는다. 이어서 자신의 새끼가
태어나서 먹을 수 있도록 그대로 놔둔다. 두 번째 단계를 보여 주는 사례로,
침이 있는 말벌이 침을 쏘아서 검은독거미를 기절시켜 먹잇감으로 활용하기 위해
보금자리로 옮긴다. 말벌은 유충들을 먹이기 위해 일련의 먹이를 기절시켜
유충에게 가져다준다. 마지막 단계를 보여 주는 사례로, 어미와 딸들이 진사회성 군락을
이루어 함께 머문다. 이때 어미는 여왕 역할을 하고 딸들은 일꾼 역할을 맡는다.

력한 전제 조건으로 추측하는, 시조(始祖) 집단 성원들 간의 밀접한 유전적 연관성과는 무관한 것이다. 실제로 (내가 강조했듯이) 긴밀한 친족성은 사실상 진사회성 기원의 원인이 아니라 그 결과이다. 독립적인 생활 방식에서 진사회성 생활 방식으로 진입하는 문턱을 넘어서는 데 필요한 것이라고는 하나 혹은 그 이상의 대립 형질들의 돌연변이가 다른 유전자(처음에는 부모가 자식을 돌보고, 이어서 자손이 성숙하면 갈라져서 흩어지는 경향을 규정하는 것)가 발현되지 못하도록 침묵(silencing, 유전자 발현되지 않도록 막는 것을 말한다. ―옮긴이)시키는 것 말고는 아무것도 없다.

전적응의 두 번째 문헌 사례는 과학자들이 실험을 위해 혼자 사는 벌들을 함께 모아 놓았더니 그들이 진사회성 벌처럼 행동하는 경향을 보였다는 것이다. 이것은 진사회성 전환 이론을 뒷받침하는 전적응 방식이다. 실험하는 인간들 때문에 강제로 파트너가 된 벌들은 함께 먹이를 구하러 가거나 구멍을 파고 둥지를 지키는 등 다양한 방법으로 노동을 분담했다. 여기서 한 걸음 더 나아가 암컷 벌들은 한 마리가 이끌면 다른 벌들이 뒤따르는 리더십도 보여 주었다. 이것은 진사회성 벌들에서 확인되는 행동이다. 이러한 기본적인 분업은 이미 존재하는, 행동과 관련된 기초적인 계획(ground plan)의 결과인 것처럼 보인다. 이것으로 인해 혼자 사는 개체들은 한 작업을 완료한 다음에야 다른 작업으로 옮겨 가는 경향을 나타내는데, 이것은 개별 개체들이 자손을 양육하는 용이한 방법이다. 그런데 진사회성 종에서는 다른 일꾼이 이미 한 작업을 피하도록 알고리듬이 전환된다. 일단 집단 선택(어떤 집단이 독립 생활을 하는 개체나 다른 집단들과 경쟁을 하는 경우)이 변화를 선호하게 되면, 진사회성으로 급속한 전환을 이루기 위해 새끼들의 성장 단계에 맞춰 먹이를 저장하는 벌과 말벌 들에게 (특수화된 유인 자극에 강력한 편향성을 나타내는) '스프링'이 장착되는 것이 분명하다.

어떻게, 그리고 왜 발달된 사회 행동이 탄생했는가에 관한 이런 추론 방식은 과학 이론이 만들어지는 방법의 한 전형이다. 마치 조각 그림 퍼즐의 조각들처럼, 성공적인 이론은 독립적으로 실험된 사실들에 들어맞는다. 강제적으로 함께 모아 놓은, 혼자 사는 벌들을 대상으로 한 실험 결과는 분업의 기원에 관한 고정 문턱값 모형(fixed-threshold model)에 부합한다. 이것은 확립된 곤충 사회에서 관련 현상이 출현했다는 사실을 설명하기 위해 발달 생물학자들이 제안한 모형이다. 이러한 이론은 때로는 그 기원이 유전적이고, 때로는 학습 결과로 나타나는, 다양한 과제와 결부된 반응의 문턱값에서 변이가 존재한다고 상정한다. 이러한 이론은 둘 이상의 개체가 상호 작용할 때, 가장 낮은 문턱

번식 및 비번식 계급으로 이루어진 조직을 갖춘
진사회성 집단은 극히 일부의 진화 계통에서만 나타났고,
지질학적으로 비교적 늦게 나타났으며,
거의 전적으로 육지에서만 나타났다.
그런데도 개미, 흰개미, 그리고 인간으로 이어지는
이러한 소수의 생명체들은 지상 동물계를
지배하게 되었다.

값을 가진 개체들이 가장 먼저 임무를 시작한다고 말한다. 이러한 활동은 그들의 파트너가 유용한 다른 작업(그것이 무엇이건)으로 본능적으로 옮겨 가게 함으로써, 다른 불필요한 작업을 할 수 없게 만든다. 반복해서 말하지만, 이처럼 하나의 융통성을 갖춘 유전자의 변화로 인해 집단 구성원들은 출생한 둥지에서 흩어지지 않게 되며, 그 영향만으로도 전적응을 획득한 종들은 문턱을 넘어 발달된 본능적인 사회로 이전할 수 있게 되는 것처럼 보인다.

현장과 실험실에서의 비교 연구는 일꾼이 동물 진사회성 진화의 출발점에서부터 자신의 이익과 자신이 속한 군락의 이익 사이에서 줄다리기를 벌이고 있음을 밝혀냈다. 군락 수준으로 조직을 이루는 것이 조직을 규정하는 대립 유전자들의 성공에 더욱 중요해짐에 따라, 개별 일꾼의 생존과 번식의 중요성은 점차 줄어들게 된다. 마지막 단계로, 성원들에게 부지불식간에 강제력이 행사되는 진사회성 집단에서 최종적으로 초유기체가 창발하면서 유전체 내 일꾼들의 번식 능력이 사라져 버린다. 곤충계의 극단적인 초유기체에서는 암컷 일꾼들이 번식 능력을 전혀 갖지 못하는데, 이러한 초유기체는 예컨대 여러 종의 개미들에게서 발견된다. 여기에는 배잘록침개미(Cerapachys), 곰팡이를 재배하는 잎꾼개미(Leafcutter ant), 그리고 다른 5개 주요 집단인 열마디개미속(*Solenopsis*), 혹개미속(*Pheidole*), 꼬마개미속 (*Monomorium*), 주름개미속(*Tetramorium*), 그리고 아르헨티나개미 속(*Linepithema*)이 포함된다. 이 종들은 일개미들이 전혀 난소 를 가지고 있지 않다. 반면 일부 단계통 분기군(分岐群, clades) 종들에서는 2차 진화를 통해 일꾼들의 번식 능력이 회복되 거나 적어도 증강되는데, 이로 인해 개별 일꾼들이 여왕의 역할을 맡을 수 있게 된다. 극단적인 초유기체 단계에서는 선택의 단위가 여왕의 유전체가 되는데, 이때 일꾼들은 더 욱 여왕의 표현형이 확장된 로봇처럼 보이게 된다.

6

집단
선택

생물학자들은 발달된 동물 사회의 증거를 찾기 위해 육지에서 이루어진 5억 년의 진화 과정을 샅샅이 조사해 보았다. 그들은 이러한 지식을 바탕으로 우리 종을 더 잘 이해하고자 노력해 왔다. 그러나 그들은 반드시 풀어야 할 유전에 관한 미스터리를 극복할 수 없었다.

미스터리는 두 부분으로 이루어져 있다. 앞에서 살펴봤던 첫 번째 미스터리는 찰스 다윈이 간파했고, 『종의 기원』 (1859년)과 『인간의 유래와 성 선택』(1871년)에서 적어도 매우 개괄적인 방식으로 이럭저럭 해결했다. 그 미스터리란 '사회를 위해 일하는 많은 개체들이 번식을 중단할 경우 어떻게 발달된 사회가 진화할 수 있는가?'라는 의문이다. 익숙한 용어로 바꾸어 보자면 '어떻게 이타성이 탄생할 수 있었을까?' 하는 게 된다. 다윈이 제시한 해결책은 오늘날 우리가 집단 선택 이론으로 가다듬은 것이다. 이 이론에 따르면, 만약 집단의 일부 구성원들의 희생이 다른 경쟁 집단들에 비해 그 집단에게 충분한 이점을 제공한다면, 그러한 구성원들은 자신들의 생명을 단축시키거나, 자신들의 개별 번식을 줄이거나, 두 가지 모두를 실천에 옮길 수 있다. 이때 이타성의 유전자는 돌연변이와 선택을 통해 집단 개체군에 확산된다. 집단 구성원들 간의 긴밀한 친족성은 이러한 과정을 촉진(hasten)하지만 추동(driven)하지는 않는다. 다시 말해 긴밀한 친족성은 종종 이타성의 확산을 뒤따르지만 이러한 확산에 선행하지는 않는다는 것이다. 개체군 유전학 모형은 그 구성원이 혈연이건 아니건 간에, 심지어 어떤 집단 내에 평균적으로 유전적 이타주의자가 하나만 있어도 그러한 집단 전체의 개체군이 커짐을 보여 준다.

이러한 사실은 우리를 두 번째 난문(難問)으로 이끌어간다. 진화에서 진사회성, 다시 말해 이타성에 바탕을 둔 분업을 특징으로 하는 사회가 그처럼 드물게 탄생했던 이유는 무엇일까? 여기에 대한 답은 '진사회성이 나타나기 위해서는 어미 혹은 소집단이 적의 공격에 대한 대비가 이루어질 수 있는 은신처 내에서 진행적인 방식으로 새끼를 돌봐야 한다.'는 전제 조건이 충족되어야 한다는 것과 어느 정도 관계가 있을 것이다. 이러한 조건은 사실상 자연에서 매우 흔히 살펴볼 수 있다. 하지만 이러한 조건은 진사회성을 탄생시키지 못한 경우가 대부분이다. 사실이 이러하다면 '무엇이 마지막 단계에 이르는 것을 막았을까?'를 물어야 질문이 더욱 적절해질 것이다. 이처럼 억제 작용을 하는 작인(inhibiting agency)이 무엇인지 그 정체를 파악할 경우, 우리는 진사회성 미스터리 제2장을 해결할 수 있을 것이다.

나는 마지막 단계에 내재된 커다란 생물학적인 어려움이 그 답이라고 생각한다. 어미(어쩌면 어미를 돕는 아비와 함께)와 새로 태어난 성체 자손들로 이루어진 소규모 군락을 생각해 보자. 일상적인 한살이는 이 지점에서 일단락된다. 어미와 그 암컷 자손이 각각 홀로 독립적인 삶을 살아가기 위해 흩어지면서 새로운 한살이가 시작된다. 어미는 죽거나 새로운 새끼를 낳을 수도 있고, 각각의 자손들은 짝을 짓고 은신처를 만들어 스스로 어미가 될 것이다.

이제 소가족의 흩어짐을 막는 제거 돌연변이(knockout mutation)가 나타났다고 가정해 보자. 이것은 하나의 유전자 내에서 염기 하나가 변한 정도의 작은 돌연변이이다. (다른 돌연변이를 무력화하는 유전자 제거 돌연변이는 비교적 흔히 발생하며, 유전 연구에 폭넓게 활용되고 있다.) 실험실 공간에 한 집단의 성숙한 암컷을 한데 모아둘 경우, 먼저 그 자리에 있었으면서 이미 수정된 암컷, 다시 말해 어미는 집단을 지배하면서 알을 낳는 역할을 하는 반면, 다른 암컷들은 일꾼의 역할을 한다는 사실을 우리는 알고 있다.

이론적인 측면에서 보았을 때, 일단 이러한 예비적인 적응 방식이, 다시 말해 천적의 공격에 대비할 수 있는 은신처를 만드는 일과 어린 것들에 대한 진행적 돌봄으로 이루어진 적응 방식이 일단 가동되기 시작하면, 진사회성으로 한 단계 더 진화하기 위한 초석이 다져진 격이 될 것이다. 그런데 이러한 발달은 언뜻 보았을 때는 쉽게 이루어질 수 있는 것처럼 보이지만, 자연에서는 좀처럼 나타나지 않는다. 왜일까? 여기에 대한 답변은 하나의 유전자 돌연변이, 혹은 소규모의 유전자들의 집합체가 진사회성 군락을 탄생시킬 수 있지만, 원래 유전체의 나머지 부분은 모두 단독 생활에 적응된 채 남아 있기 때문이라는 것이다. 예를 들어 딸들은 집에 머무르려는 본능을 갖춘, 새로 탄생한 일꾼일 수 있다. 하지만 그들은 다른 모든 측면에서는 단독 생활을 하는 생명체로 살아가도록 프로그래밍되어 있다면 어떻게 될까? 그들은 적의 공격에 대비할 수 있는 은신처를 만드는 일, 양육, 함께 먹이 구하기와 관련된 일에서 서로 의사 소통을 하거나 분업을 할 준비가 되어 있지 않다.

그런데 이처럼 방해 요인이 제거되지 않았을 경우, 변하지 않은 집단은 단독 생활을 하는 그들의 동료들, 혹은 성공적으로 진화한 다른 진사회성 종의 군락들과 효과적으로 경쟁할 수 없다.

오늘날 진사회성 진화의 바탕이 되는, 유전과 관련된 근본적인 변화가 일어났음을 보여 주는 증거 자료들이 풍부하게 존재한다. 2015년 캐런 카프하임(Karen M. Kapheim)과 일리노이 대학교 진 로빈슨(Gene M. Robinson)이 이끄는 52명의 국제 연구진은 서로 다른 진화 단계에서 다수의 독립적인 계통을 탄생시킨 벌 10종의 유전체에 대한 연구를 보고한 바 있다. 전체적으로 벌들의 사회화 순서는 독립된 생활에서 시작해 복잡한 진사회성으로 마무리된다. 확인된 계통들은 각기 나름의 유전적 진화 경로가 있는 것으로 밝혀졌지만, 진사회성에 도달한 계통들은 모두 기본적으로 동일한 변화 패턴을 나타냈다. 이들에게서는 사회적 복잡성이 증진되었고, 이것과 더불어 느슨한 자연 선택 결과로서의 중립 진화(neutral evolution)의 양이 뚜렷하게 늘어났음이 확인되었다. 또한 전이 인자(transposable element, 유전체 내에서 위치 이동이 가능한 유전자로 트랜스포손(transposon)이라고도 한다. — 옮긴이)의 다양성과 풍부함도 감소했음이 확인되었다. 이러한 기술적인 문제를 가능한 한 간단하게 설명하자면, 사회 조직이 발달했다 함은 사회적 행동에 영향을 미치는 유전자 네트워크의 복잡성이 증가했음을 의미한다. 그리고 사회적 행동이 발달했다 함은 유전 암호가 근본적으로 변화했음을 의미한다.

1950년대에 영국의 곤충학자 마이클 브라이언(Michael V. Brian)과 나는 '개미에서 일꾼 계급과 번식 계급을 창출하는—그리하여 진사회성을 창출하는—유충 발달의 복잡한 메커니즘'에 대한 증거를 각각 독립적으로 제시한 바 있다. 브라이언은 유럽에 서식하는 미르미카 루기노디스(Myrmica ruginodis)에서 유충 각각이 커다란 몸체와 날개, 그리고 완전히 발달된 난소를 갖춘 여왕으로 성숙하거나, 그렇지 않으면 비교적 작고 날개가 없으며 불임인 일꾼으로 성숙할 수 있는 잠재력을 가지고 있음을 발견했다. 문턱값 크기(threshold size)라는 것이 있는데, 이것은 애벌레가 그 성장을 완성해 성체 여왕이나 성체 일꾼으로 변모하는 운명이 정해지는 '결정점(decision point)'을 말한다. 브라이언은 미르미카 유충이 여왕으로 성장할지, 아니면 일꾼으로 성장할지의 운명이 유충이 부화되어 나온 알의 크기, 유충이 성장의 특정 시점에 도달했을 때의 크기, 군락에 어미 여왕이 존재하는지의 여부, 어미 여왕의 나이, 마지막으로 그 유충이 겨울에 어린 애벌레로 살았는지, 그리고 봄에 급속한 성장을 하기에 앞서 추위를 경험했는지의 여부에 좌우된다는 사실을 알게 되었다. 이 모든 요소가 한꺼번에 작용해 처녀 여왕들이 군락에 탄생하게 된다. 이들은 따뜻한 날씨가 이어지는 동안 있을 혼인 비행(nuptial flight)에 참여하게 된다. 각각의 여왕들은 짝짓기를 해서 자신의 새로운 군락을 시작할 잠재력을 갖추고 있다.

시간이 한참 흐른 뒤인 2002년, 유전체의 기초 수준에 대한 연구를 진행하고 있던 몬트리올 맥길 대학교의 이합 아부하이프(Ehab Abouhief)와 동료들은 날개 달린 여왕개미를 생산할 수 있는 개미들의 능력이 암컷들이 소유하고 있는 변형된 유전자에 좌우된다는 사실을 발견했다. 성체 단계에 이르기까지의 발달에 영향을 미치는 유전 네트워크는 날개 달린 여왕 계급에서는 보존되지만 날개 없는 일꾼 계급에서는 상실된다. 요컨대 일개미는 잠재적인 유전 소질을 상실하는 것이다.

이제 여러 정보가 제자리를 찾아가고 있다. 1953년 나는 하나 이상의 하위 계급의 일꾼이 있는 것으로 알려진, 이 세상에 존재하는 개미속 49개 종을 모두 자세히 살펴보았다. 여기서 하위 계급의 일꾼은 노동을 담당하며 소형 일꾼(minor worker)과 대형 일꾼(major worker)으로 나뉜다. 이중에서 후자는 병정개미라고 불리기도 한다. 이 종들의 상당

수는 중간에 해당하는 계급(중간 일꾼)이 있으며, 일부 종에는 골리앗병정개미라고 불리는, 심지어 더욱 큰 규모의 제3의 계급이 있다. 발달된 사회 조직이 탄생하는 과정에서, 새로 나타난 하위 계급에게는 유충의 발달과 관련된 한두 개의 추가적인 결정점이 필요하다. 또한 그들에게는 군락 성장의 서로 다른 단계에서 요구되는 그들의 친척 구성원들에 대한 규제도 필요하다. 이러한 규제는 인간 사회에서의 서로 다른 작업을 바탕으로 한 분업, 그리고 각각의 직업에서의 훈련된 사람들의 수에 대한 문화적 규제를 합한 것에 상응한다.

이러한 과정을 거쳐 개미와 인간의 제국이 생겨났다.

필요한 유전적 변화를 이루고, 혼자 살려는 유전체의 장벽을 극복하는 유일한 방법은 집단 선택의 길을 가는 것이다. 집단 선택은 유전자가 바탕을 이루는 이타성, 분업, 집단 구성원 간의 협력을 창출하는 힘을 갖는다. 이러한 더 높은 수준의 자연 선택은 개미, 그리고 사회성 곤충 일반에서 직접 확인할 수 있는 힘이다. 이것은 이미 문헌으로 잘 정리가 되어 있다. 이러한 힘은 단지 군락이 최초로 탄생하는 동안뿐만이 아니라, 성숙한 군락들 사이에서 경쟁이 이루어지는 동안에도 발휘된다. 갈등은 직접적인 물리적 충돌을 통해 발생할 수 있는데, 이로 인해 퇴각이 이루어질 수도 있고, 군락을 잃는 완벽한 파괴(신조어를 만든다면 개미를 대상으로 한 머미사이드(myrmicide)라고 할 수 있을 것이다.)가 초래될 수도 있다. 그런데 군락 사이의 경쟁이 오직 군락 사이의 전투와 약탈만으로 이루어지는 것은 아니다. 여기에는 보금자리를 만드는 데 필요한 재료와 식량을 얻는 데에서 발휘되는 뛰어난 능력뿐만 아니라, 함께 먹이를 구하는 장소를 새로 찾아 선취하거나 경쟁 상대를 쫓아내거나 죽이는 것까지도 포함된다. 이론과 실험을 통한 연구는 유전될 수 있는 군락 수준의 이 모든 노력들이 대체로 군락의 성장 속도와 성숙한 군락의 크기에 좌우됨을 입증했다. 여기서 군락의 성장 속도와 성숙한 군락의 크기는 모두 유전적으로 결정된, 집단 수준의 표현형을 활용해 평가가 이루어진다. 다른 모든 것들이 동등할 경우, 참여하는 일꾼들의 수만으로도 그 군락의 대사적 성장 속도(metabolic growth rate)가 큰 영향을 받는다. 일꾼이 더 많아질수록 군락이 더 빨리 성장하고, 여왕과 수컷을 더 많이 탄생하며, 더 큰 성숙 크기에 도달한다. 이러한 상관 관계는 개별 유기체의 무게와 생리학적 특징에 대한 대사적 크기 법칙(metabolic scaling laws)을 반영한다. 경쟁적으로 이루어지는 곤충 군락들의 성장에서 가장 중요한 인구학적 요소는 시조(始祖) 여왕이 갖추고 있는 최초의 생식력일 가능성이 큰데, 이것은 수학적 모형 연구를 통해 입증되었다.

이 시점에서 검증된 개체군 유전학의 원리를 이용해 정의된 집단 선택 과정을 검토하고, 이것을 통해 사회의 진화를 올바르게 설명하는 것이 중요하다. 이것은 강조할 필요가 있다. 왜냐하면 개체 수준의 형질과 마찬가지로 집단 수준의 형질도 선택의 단위는 형질을 규정하는 유전자이기 때문이다. 유전자가 역할을 잘하느냐 못하느냐를 결정하는, 자연 선택의 표적은 유전자가 규정하는 형질이다. 먹을거리, 짝, 지위를 놓고 다른 구성원들과 경쟁을 벌이는 집단 내의 한 개체는 개체의 차원에서 자연 선택에 관여한다. 반대로 계층 구조, 리더십, 그리고 협력을 통해 우월한 조직을 창출해 가는 방식으로 집단의 다른 구성원들과 상호 작용하는 개체들은 집단 수준에서 자연 선택에 관여한다. 이타성을 가짐으로써 지불하게 되는 대가, 그리고 이것으로 인해 개체가 생존과 번식에서 감수해야 하는 손실이 크면 클수록, 전체로서의 집단에 돌아가는 혜택도 커져야 한다. 진화 생물학자 데이비드 슬론 윌슨(David Sloan Wilson, 그는 나의 친척이 아니다!)은 다음과 같이 두 가지 수준의 선택 규칙을 적절히 정리해 준 바 있다. 집단 내에서 이기적인 개체는 이타주의자에게 승리를 거둔다. 하지만 이타주의자 집단은 이기적인 개체로 이루어진 집단에 승리를 거둔다.

집단 선택이 이루어지는 실제 과정은 근년 들어 자연 환경에서 확인되는 사례 연구를 통해 조명되고 있다. 이 문제와 관련해 맨 먼저 살펴볼 사례는 옐로스톤 국립 공원의 늑대들이다. 이들을 통해 우리는 생태학과 사회 생물학의 많은 내용을 파악할 수 있었다. 미네소타 대학교 키라 캐시디(Kira Cassidy)와 동료들의 최근 연구에 따르면 연구 당시 평균 9.4마리가 속해 있던 늑대 무리는 집단 간 영토 분쟁에서 평균 5.8마리의 구성원으로 이루어진 작은 무리에 승리를 거둔 것으로 나타났다. 또한 성체 수컷의 비율이 높은 무리가 그 비율이 낮은 무리에게 승리를 거둘 가능성이 컸다. 마지막으로 6세 이상의 수컷이나 암컷의 존재는 그 결과에 추가적인 영향을 미쳤다. (옐로스톤 늑대의 평균 수명은 4년이다.)

최대한 여러 곳에서 집단 선택의 진행 과정을 살펴본다는 차원에서 이번에는 무척추 동물에 초점을 맞추어 보도록 하자. 관련 문제에 관한 고전인 『불개미(The Fire Ants)』(2006년)에서 월터 칭켈(Walter R. Tschinkel)이 상세히 다룬 붉은불개미(Solenopsis invicta, 붉은열마디개미라고도 한다. ─ 옮긴이) 여왕들 간의 협력과 경쟁은 집단 선택의 진행을 보여 주는 유달리 인상적인 사례이다. 개별 여왕들은 혼인 비행과 공중 수정에 이어서 대개 10마리 혹은 그 이상의 집단들로 모여 함께 집단 선택은 사회성 형질을 규정하는 대립 형질들(동일한 유전자의 또 다른 형태들)을 대상으로 한 자연 선택이다. 자연 선택이 선호하는 형질들은 집단 내 개체들 사이에서 상호 작용을 일으키는 것들이다. 여기에는 집단을 최초로 형성하는 것이 포함된다. 동일 종의 집단들이 서로 경쟁을 하게 됨에 따라 그 구성원들의 유전자가 시험대 위에 오른다. 이 과정에서 자연 선택을 통한 사회 진화가 위쪽이나 아래쪽으로 추동된다. 자연사와 실험 연구는 이러한 과정에 대한 풍부한 증거 자료를 제시하고 있다.

작은 둥지를 만들고, 처음 낳은 새끼들을 협력해 양육한다. 이러한 이례적인 행동은 분명 집단 선택을 통해 추동된다. 치열하면서도 치명적인 경쟁의 세계에서 살아남는 여왕은 1,000마리 중 1마리 미만이다. 살아남은 여왕은 딸 여왕들을 탄생시킬 정도로 개체수가 많은 군락의 어미가 된다. 현장 연구에 따르면 각 군락의 크기가 생존에 극히 중요한 것으로 나타났으며, 이것은 만들어진 지 얼마 되지 않은 신생 군락들의 경우에 특히 그러했다. 실험실에서는 협력하는 여왕 집단들이 혼자인 여왕들에 비해 여왕 1마리당 더 많은 일꾼을 신속하게 키워 낸다.

불개미의 일개미들이 성숙하게 되면 그들은 여왕개미들을 하나씩 제거하기 시작하며, 이때 여왕개미의 모든 다리를 활짝 펴게 해 놓고 찔러 죽인다. 이러한 과정은 여왕개미가 오직 1마리만 남게 될 때까지 계속된다. 그들은 자기 어미에게 인정을 베풀지 않는다. 최종적인 승자는 페로몬을 통해 확인할 수 있는데, 이러한 승자는 번식력이 가장 좋으며, 따라서 군락 전체의 신속한 성장을 촉진할 수 있다. 설령 자신의 어미가 죽어야 한다고 해도, 일개미들은 패자를 부양하는 비용을 감당할 수 없다. 이러한 상황에서 집단 선택은 확실하게 개체 선택을 누르게 된다.

개미는 알려진 것만 해도 전 세계적으로 1만 5000종 이상이 될 정도로 엄청나게 다양한 종들로 이루어져 있는데, 개미는 이러한 특징을 갖추고 있기 때문에 비교의 방법으로 사회 진화의 요소들을 규명해 낼 수 있는 이상적인 연구 대상으로 자리매김하게 된다. 개미 연구가 중점적으로 다루는 핵심 문제는 세 가지로 요약할 수 있다. 첫째, 누가 혹은 무엇이 군락 내 일꾼들의 수를 통제하는가? 둘째, 이러한 일이 어떻게 따로따로 이루어지는가? 그리고 셋째, 자연선택의 어떤 힘이 이것을 책임지고 있는가?

고감도 DNA 지도 작성법(rapid DNA mapping)이 고안됨으로써 군락 전체를 활용하는 실험을 통해 개미들의 사회적 요소를 분석하기가 더욱 용이해졌다. 이러한 연구를 통해 집단 선택이 이 곤충들의 사회 진화에서 총지휘관 역할을 한다는 입장이 더욱 강화되었다. 예를 들어 개미 군락에는 경찰 역할을 하는 일개미들이 있다. 이들은 어미 여왕이 아닌데도 알을 낳는 둥지 동료들을 괴롭히고 때로는 처형하기까지 한다. 과거에는 이러한 경찰 일개미 현상을 대개 일개미들 사이의 친족도에 바탕을 둔 포괄 적합도(inclusive fitness) 이론으로 설명했다. 원리적으로 가장 강력한 괴롭힘을 당하는 대상은 처벌하는 개미와 가장 먼 혈연 관계에 있는, 이른바 약탈 개미(usurper)로 널리 알려져 있었다. 하지만 동일한 효과를 전체 군락의 냄새와 개체들에게서 나는 냄새가 얼마만큼 비슷한지 아닌지 하는 차이를 통해서도 설명할 수 있다. 세라피노 테세오(Serafino Teseo), 대니얼 크로나우어(Daniel Kronauer), 그리고 록펠러 대학교의 동료들이 최근에 증명했듯이, 경찰 일개미 현상은 군락 효율성이 증진된다는 설명으로 완전하게 해명이 된다. 그들은 무성 생식을 하는, 그리하여 유전적으로 동일한 일개미들로 이루어진 열대 배잘록침개미의 일종인 케라파키스 비로이(*Cerapachys biroi*) 군락들에서도 경찰 일개미 현상을 발견했다. 기존의 생물학적 설명과는 달리, 이러한 현상에 대한 설명은 다음과 같이 이루어진다. 개체들의 성장과 제약은 유충에 의해 촉발되는 군락 주기의 제약을 받는다. 성체들의 난소는 미성숙한 미변태 구성원들의 신호(cue)에 반응해 주기의 일부 기간 동안 폐쇄된다. 신호에 반응하지 못해 주기가 교란된 개체들은 괴롭힘을 당하기도 하고 때로는 처형되기도 한다. 일련의 기발한 실험실 실험에서 연구자들은 두 종류의 여왕 없는 케라파키스 군락들을 함께 두었는데, 그중 군락 하나는 전형적인 클론(clone, 단일 세포의 후손을 의미하며 동일한 개체에서 무성 생식을 통해 탄생된 개체이다. —옮긴이)으로 이루어졌고, 다른 하나는 유전적으로 다른 두 군락이 혼합된 키메라(chimera, 둘 이상의 유전적으로 다른 개체에서 유래하는 세포, 핵, 염색체 혹은 유전자를 함유한 개체를 말한다. —옮긴이), 즉 다른 부모를 둔 개체로 이루어졌다. 연구자들은 이들을 실험실 내에 함께 두었다. 여기서 단일 클론 군락이 키메라 군락과의 경쟁에서 유리한 위치를 점했는데, 그것은 틀림없이 키메라 군락이 일하지 않고 번식만 하는 개체들을 많이 탄생시켰기 때문이다. 그들의 노력은 정상적인 생식 주기를 유린했으며, 결과적으로 군락 수준의 효율성을 떨어뜨렸다.

이것과 비슷하지만 별개로 이루어진 교토 대학교 도바타 시게토(土畑重人)와 류큐 대학교 쓰지 가즈키(辻和希)의 연구는 그물등개미(*Pristomyrmex*) 속에 속하는 또 다른 클론 개미 종을 이용해서 유사한 결론에 도달했다. 이 개미는 여왕이 없기 때문에 일개미 모두가 알을 낳고, 성숙 단계에 이르기까지 새끼를 양육하는 데 참여한다. 여왕이 없는 배잘록침개미 군락에서와 마찬가지로, 알을 낳는다고 해서 개체가 얻게 되는 이익은 전혀 없다. 미성숙 구성원들은 모두 유전적으로 동일하며, 모두가 하나의 평등주의 공동체에서 양육된다. 각 개체는 다른 모든 어미의 정확한 복제 개체일 뿐만 아니라 잠재적인 어미이기도 하다. 그런데 자연 상태의 군락들에는 유전적으로 차이가 있는, 다른 군락 소속의 일개미들이 침투한다. 이러한 외래 개미들은 원래의 군락에 사는 개미들보다 알을 더 많이 낳음으로써, 그리고 노동을 회피함으로써 부정을 저지른다. 부정을 저지르는 이러한 개미들은 일반적으로 실험실에서 1마리당 더 많은 자손을 낳았다. 그런데 부정을 저지르는 개미들로만 이루어진 집단들과 합쳤을 때, 그들은 전혀 자손을 낳지 못했다.

이러한 기묘한 현상을 어떻게 이해해야 할 것인가? 그 물등개미에서 친족성은 클론 군락들의 일꾼 어미들이 다른 클론 군락들의 성원을 외래 개미로 인식하게 하는 정도의 영향력을 발휘하는 수준에 머문다. 부정을 저지르는 개미들이 다른 군락들의 보금자리를 침범하는 경우, 그들은 다른 종의 노동을 침해하고 착취하면서 일종의 사회적 기생충 역할을 한다. 다른 종의 둥지에 몰래 알을 들여 넣는 뻐꾸기는 여기에 해당하는 조류이다.

2001년 애리조나 대학교 패트릭 애벗(Patrick Abbot)과 동료들은 진사회성 진딧물에서 이것과 유사한 현상을 확인해 최초로 보고했다. 연구 대상이었던 종은 매우 조직화된 군락을 형성했고, 병정 계급마저도 탄생시켰다. 이들은 모두 단일 세포의 후손들인데, 이에 따라 친족성에 의해 형성된 사회 질서의 지배를 받지 않았다. 적어도 한 종(황철나무 흑면충속의 일종인 펨피구스 오베시님패(Pemphigus obesinymphae))의 진딧물에서는 군락들이 언제나 온전하게 군락적이기만 한 것은 아니었고, 다른 클론들의 침입으로 유린되는 경우가 흔했다. 이때 침입 진딧물들은 기생충처럼 행동한다. 그들은 숙주 군락을 방어하는 위험한 일을 떠맡지 않으며, 그 대신 자신들의 생리적 구조를 이기적으로 전환해 번식 역할을 하는 진딧물이 된다.

이처럼 놀랍고도 새로운 사회성 종의 생활 주기 패턴은 자연사와 유전학을 결합한 사회 생물학 연구가 이루어지면서 점점 더 빈번하게 확인되고 있다. 가장 주목할 만하면서도 유익한 것 중의 하나는 인도 남부 벵갈루루에 있는 인도 과학 연구소(Indian Institute of Science)의 라가벤드라 가다그카르(Raghavendra Gadagkar)와 그의 협력자들의 발견이다. 연구진은 사회성 말벌의 번식 계승 행렬을 관찰했는데, 그들은 아시아에 서식하는 말벌 로팔리디아 마르기나타(*Ropalidia marginata*)의 군락이 겉으로 보기에는 단순한 것처럼 보이지만 실제로는 복잡한 협력 규칙의 인도를 받는다는 사실을 발견했다. 로팔리디아 말벌 군락의 일벌들은 생리적으로는 번식할 수 있지만 그러지 않고 군락을 지배하는 여왕에 따른다. 군락을 지배하는 여왕은 가장 공격적인 개체가 아니며, 집단 내 서열에서 우두머리도 아니다. 그런데도 여왕은 알 낳기에 대한 완전한 독점권을 누린다. 로팔리디아 말벌 집단은 자비로운 전제 정치가 이루어진다고 말할 수 있다. 여왕이 제거될 경우, 일벌 중 한 마리가 일시적으로 자신의 둥지 동료들에 대해 과도할 정도로 공격적인(hyperaggressive)

모습으로 탈바꿈한다. 그녀의 과시와 위협 행동은 거의 도전받는 법이 없다. 일단 왕권이 확립되면, 새로운 여왕은 본래의 유순한 모습으로 되돌아온다. 그러고는 여왕의 난소가 발달하고, 알을 낳기 시작한다. 이후 여왕이 된 그 암컷은 독점적인 번식 전문가가 된다. 여왕이 죽거나 연구자들에 의해 제거될 경우, 그 자리는 또 다른 일꾼 지배자로 대체된다. 이러한 지배자는 이미 번식이라는 일에 어느 정도 최적화되어 있는 벌이다. 자리를 승계한 개체가 떠나면 또 다른 개체가 그 자리를 차지하며, 이러한 과정이 계속 이어진다. 군락은 (인간이 보기에) 신비한 왕위 계승 행렬을 통해 어느 정도 평화롭게 유지된다.

각각의 왕위 계승에서 새로운 로팔리디아 여왕이 다른 일꾼 말벌들과 가장 혈연 관계가 가까운 것은 아니라는 사실이 밝혀졌다. 그것보다는 가장 나이가 많은 말벌이 계승하는 게 전형이다. 이 모든 절차는 평화 유지에 도움을 주는 페로몬을 통해 중재되는 것으로 보인다. 이런 식으로 왕위 계승은 군락 수준의 적응 방식으로 자리매김한다. 이것은 폭력적이면서 파괴적인 충돌을 거의 모두 제거하며, 내적인 혼란과 다른 군락 약탈자들로 인한 침략의 위험을 감소시킨다. 이러한 방식으로 로팔리디아 마르기나타 군락은 이론상 영원히 이어지게 된다. 환경의 변화를 감안하자면 이러한 군락들이 현실에서는 거의 항상 단명하는 데 그치지만 말이다.

평화롭게 작동하는 것으로 추정되는 매우 상이한 종류의, 또 다른 집단 차원의 선택에 대한 자료도 수집되어 있다. 이 사례는 원시 진사회성 말벌에서 분리된 계통의 것이다. 자연에서 관찰된 19개 종 모두에서 혼자 사는 암컷들은 둥지를 만들거나 먹이를 구하는 중에 매우 위험한 상황에 놓이게 됨이 확인되었다. 서로 다른 표본에서 관찰된 시조 암컷 중 38~100퍼센트는 첫 번째 새끼가 탄생하기에 앞서 죽음을 맞이했다. 개별적으로 이루어진 연구에서 말벌 종 중 적어도 두 종, 즉 리오스테노가스테르 프랄리네아타(*Liostenogaster fralineata*)와 에우스테노가스테르 프라테르나(*Eustenogaster fraterna*)는 시조 암컷이 여럿 있는 개별 군락에서 여왕들이 사라지면 어미를 잃은 도우미들이 여왕의 새끼들을, 그들의 혈연이든 아니든 간에, 성숙할 때까지 양육한다. 동시에 도우미들은 자신의 알을 낳아서 자신의 계통을 시작한다. 그들은 이러한 방식으로 진사회성을 영속시켜 나감으로써 모든 협력자에게 '보험 기반', 즉 실패 대비에 기반을 둔 이점을 창출해 낸다.

동물 사회에 대한 탐구가 심화됨에 따라 사회 생물학자들은 훨씬 더 많은 진화의 길을 마주하게 되었는데, 어떤 것들은 기이했고 놀라웠다. 이러한 이상한 모습 중 적어도 일부는 거미들에게서도 확인된다. 진사회성과 그 사례를 연구하는 탐구자들은 언젠가 진사회성 거미의 사례를 찾게 되기를 희망해 왔다. 물론 커다란 거미줄을 공유하는, 적어도 2종의 독립된 계통의 사회적 거미들이 잘 알려져 있기는 하지만, 이 종들에서 일꾼 계급과 번식 계급의 탄생이 발견된 적은 없다.

그러나 거미 둥지에 함께 사는 거미들은 '성격' 차이를 뚜렷하게 보여 준다. 그 차이는 집단 선택을 통해 유지됨이 확실하다. 이 현상은 전 세계적으로 분포하면서 지역에 따라 방대한 다양성을 보여 주는 거미속인 잎무늬꼬마거미(*Anelosimus*)에서 확인된다. 이들은 거미줄을 치는 거밋과에 속하는 꼬마거미(Theridiidae)의 일원으로, 여기에는 검은독거미가 포함된다. 잎무늬꼬마거미 또한 악명 높은 사촌과 마찬가지로 배에 밝은 색의 무늬가 있다. 그러나 이들 중에서 더욱 주목할 거미들은 군락을 형성하는 것들이다. 거미 공포증(arachnophobe)의 악몽을 만들어 내기라도 하듯 이들은 보통 공동의 거미줄에 굶주린 암컷 수천 마리가 함께 매달려 있고는 한다. 이들은 서로 매우 협력적이다. 조너선 프루잇(Jonathan N. Pruitt)과 그의 피츠버그 대학교의 동료들은 신대륙에 서식하는 잎무늬꼬마거미 종인 아넬로시무스 스투디오수스(*Anelosimus studiosus*)의 군락에서 암컷들이 2개의 주요한 '성격' 계급으로 구성되어 있음을 발견했다. 첫 번째 것들은 먹이 포획, 거미줄 구축, 그리고 군락 방어에 적극적으로 참여한다. 두 번째의 것들은 비교적 온순하며, 커다란 구형의 알 덩어리에 대한 보호가 포함된, 부모로서의 보살핌에 관여한다. 공격적인 것들은 먹이를 포획하고 침략자들을 물리치는 데 더욱 효율적인 반면, 온순한 것들은 다량의 새끼들을 양육하는 데 더 능숙했다. 성격의 차이는 적어도 어느 정도 유전적인 토대를 가지고 있는 것처럼 보이는데, 이 두 유형은 상대적인 조화를 이루며 함께 살아가고 있다.

학문적으로 보았을 때, 아넬로시무스 스투디오수스 군락이 갖는 장점은 실험용 군락을 만들어 계급의 구성 비율을 바꿔서 자연의 이 환경에 놓았다가 다른 저 환경에 놓아볼 수 있다는 것이다. 이러한 실험은 인위적인 군락들이 어떻게 적응하는지를 파악하기 위해 행해진다. 프루잇과 그의 동료 연구자들의 이런 연구는 사실상 집단 선택 발생 실험을 수행한 것이었다. 그 결과는 긍정적이었다. 각각의 군락들은 두 세대를 거치자 원래 장소와 새로운 장소 모두에서, 원래 장소에서 확인된 공격적임/온순함의 비율로 바뀌었다.

사회성 군락을 이룬 잎무늬꼬마거미들이 큰 딱정벌레를 잡았다.
이들은 이 먹을거리를 나눠 먹을 것이다. 그림은 두 '성격' 유형, 즉 그림에서
멀리 보이는 '사냥꾼'과 가까이 보이는 둥근 알 덩어리들을 보호하는
'유모'를 보여 주고 있다.

마지막으로 우리는 흰개미들과 그들의 확실한 직계 조상들에서 집단 선택을 통해 사회가 진사회성의 문턱에서 완전한 진사회성으로 넘어가는 모습을 거의 직접적으로 목격할 수 있다.

　전문가들은 흰개미가 바퀴벌레에서 유래했다는 데 대체로 동의하고 있다. 진화 생물학자들은 이렇게 말하는 대신, 두 근연종 곤충이 공통 조상에서 유래했다고 말함으로써 이러한 평가의 강도를 조절한다. 그러나 이들 간의 계통 발생 순서가 너무 명확하기 때문에 나는 흰개미가 사회성 바퀴벌레라고 말하는 것이 옳다고 생각할 정도이다.

　흰개미와 가장 가까운 현생 바퀴벌레는 북아메리카, 러시아 동부, 그리고 중국 서부에서 발견되는 대형 갑옷바퀴(*Cryptocercus*)이다. 이들은 나무를 먹고산다. 언뜻 보기에 이들은 할리우드 공포 영화에 나오는 무서운 '벌레'와 유사하게 생겼으며, 실험실 연구에서 흔히 사용되는 마다가스카르휘파람바퀴(*Gromphadorhina*)와도 닮았다.

　갑옷바퀴는 바퀴벌레치고는 몸집이 크다. 이들은 천적을 만나면 우리가 부엌에서 만나는 바퀴벌레가 도망치는 방식으로 달아나지 않고, 육중한 키틴질(chitinous) 갑옷의 보호를 받으며 수동적인 태도로 살아남는다. 이들은 두툼한 외골격과 방패같이 생긴 전신(前身)을 짊어지고, 가시로 무장한 다리를 이용해 당당한 걸음걸이로 움직인다. 이들은 죽은 나무와 나뭇가지의 썩어 가는 목질부에 영구적인 집을 마련해 놓고 이것을 방어한다. 최근 노스캐롤라이나 주립 대학교 크리스틴 날레파(Christine Nalepa)는 생활 방식과 사회성 행동이라는 측면에서 갑옷바퀴와 흰개미가 가깝다는 해부학적, 유전적 증거를 수집한 바 있다.

그녀는 이들이 현생 흰개미들처럼 자신들의 내장에 사는 특화된 세균 혹은 다른 미생물에 의존한다고 지적한다. 이러한 공생 생물(symbiont)은 썩어 가는 나무 셀룰로스를 소화시켜 그 성분을 자신들의 곤충 숙주인 갑옷바퀴와 함께 나눈다. 또한 갑옷바퀴와 흰개미는 자력으로는 아무것도 할 수 없는 새끼들을 자신들의 항문을 통해 배출한, 소화된 목재 성분을 먹여서 양육하기도 한다.

흰개미 사회와 마찬가지로, 갑옷바퀴 군락은 목재를 소화하는 공생 세균이나 다른 미생물을 한 세대에서 다음 세대로 전달해야 하며, 사실상 이 필요성에 불가피하게 엮여 있다. 갑옷바퀴 사회는 전형적인 가족으로 이루어져 있는데, 이들은 부모들이 자식을 보살피고, 자식 또한 성숙한 크기로 자라나 부모가 된다. 세상을 지배하는 곤충 중 흰개미 또한 가족을 가지고 있지만, 그들의 가족은 매우 다른 종류의 가족이다. 그들의 자손은 대부분 부모가 되지 않는다. 대신 그들은 부모와 형제들을 부양하는 일꾼으로 발달한다. 즉 그들은 공동체의 성장을 도모하는 데 기여하게 되는 것이다. 이런 식으로 진사회성이 탄생할 수 있는 조건이 만들어지게 된다. 진사회성은 가장 복잡한 수준의 사회 조직일 수 있다. 이러한 사회 내의 개체들은 단일한 번식 단위를 형성하기 위한 필요로 함께 엮여 있다. 진사회성 바퀴벌레로서의 흰개미 군락은 주로 개체 수준의 선택을 통해 형성된 갑옷바퀴 사회 생활의 단계에서 다음 단계로 상향 이동했는데, 이러한 단계에서 흰개미 군락은 집단 선택을 통해 만들어진 복잡한 공동체를 창출해 냈다.

이러한 사실은 사회 생물학 내에서 곪아 온 주요 논쟁으로 우리를 인도한다. 이 논쟁은 1950년대에 영국의 생물학자 존 버든 샌더슨 홀데인(John Burdon Sanderson Haldane)이 수행하고 발표한 사고 실험에서 비롯되었다.

이 위대한 과학자는 이후 혈연 선택이라고 불리게 된 개념을 제안하면서 다음과 같은 사고 실험으로 자신의 생각을 예증하고자 했다. 당신이 물에 빠진 사람을 봤다고 가정해 보자. 그를 구하려고 할 경우 당신이 실수로 물에 빠져 죽을 확률이 10퍼센트이다. 이때 당신의 사회적 반응을 규정하는 유전자가 완전하게 작동한다고 가정해 보자. 물에 빠진 사람이 낯선 사람일 경우, 그를 구하는 것은 당신 자신이 죽게 될, 그리고 그 결과 당신의 모든 유전자가 없어질 10퍼센트의 가능성도 감수할 가치가 없다. 설령 당신이 아이를 구하는 데 성공하더라도, 그런 위험을 감수한다면 당신의 유전자에는 별다른 도움이 되지 않을 것이다. 하지만 물에 빠진 사람이 당신 유전자의 절반을 실어 나르는 형제라고 가정해 보자. 이 경우 설령 당신의 모든 유전자를 잃을 확률이 10퍼센트라고 할지라도 그러한 위험은 감수할 만한 가치가 있을 것이다. 다시 말해 유전자의 관점에서 보면, 자연 선택을 통한 진화에서는 당신이 형제를 구하려고 노력해야 하는 것이다.

홀데인은 이러한 시나리오를 만들어 내면서 혈연 선택이 이타적인 행동을 탄생시킬 수 있으며, 결과적으로 개미와 인간의 것과 같은 진사회성 사회를 진화시킬 힘을 가지고 있음을 인식하게 되었다. 더불어 그는 이것이 이타주의자와 수혜자 간 친족성의 긴밀도에 좌우됨을 깨닫게 되었다. 친족성이 가까울수록 그들이 공유하는 유전자는 많아지며, 따라서 그들의 유전자가 다음 세대에 더 많이 전달되게 된다. 홀데인의 말을 직접 인용하자면, "그는 사촌 8명 또는 형제 2명을 위해 자신의 목숨을 바칠 것이다."

1964년에 영국의 유전학자 윌리엄 해밀턴(William D. Hamilton)은 혈연 선택이 진사회성 사회의 기원에 중요한 요인이 될 수 있다고 주장했다. 그는 혈연 선택에 관한 공식을 다음과 같이 정식화해서 제시했다. 어떤 개체의 형질이 통상적인 개체 선택에서는 선호되지 않는다고 하더라도 집단 내 다른 개체에 돌아가는 이익 B에 근친도 R를 곱한 것에서 개체 자신이 지불하는 비용 C를 뺀 것이 0보다 크다면 그 형질은 선호될 수 있다. $BR-C >0$로 정리되는 '해밀턴의 법칙(Hamilton's rule)'은 그 이상이 될 경우 진정한 이타성이 진화할 수 있는 문턱값을 이야기하고 있다.

복잡한 사회의 진화 과정을 물리학에서나 볼 수 있는 공식으로 표현해 낸 확고한 업적으로 인해 (적어도 최근까지) 대중은 '해밀턴 법칙 일반(Hamilton's rule-general, HRG)'에 이례적인 관심을 보여 왔으며, 지금도 여전히 사회 생물학과 진화론의 기초 수업에서 이 법칙을 많이 소개하고 있다. 불행하게도 시간이 흐름에 따라 이 이론의 치명적인 약점이 노출되었다. 수학자들과 수학적인 훈련을 쌓은 진화 생물학자들은 점차적으로 이 법칙을 전적으로 거부하는 입장을 고수해 가고 있다. 그들은 이 법칙이 정확한 과학적 진술이 아니며, 심지어 유용하지도 않다고 생각하는 것이다. 예컨대 2013년 마틴 노왁(Martin A. Nowak), 알렉스 매커보이(Alex McAvoy), 벤저민 앨런(Benjamin Allen), 그리고 나는 《미국 국립 과학원 회보(Proceedings of the National Academy of Sciences)》에 발표한 논문에서 그 약점을 다음과 같이 밝히고 있다.

HRG에 대한 수학적 탐구는 세 가지 놀라운 사실을 보여 준다. 첫째, HRG는 이익 B와 비용 C를 미리 알 수 없기 때문에 어떤 상황에 대한 어떠한 예측도 할 수 없다. 그 값은 예측해야 할 자료에 의존한다. 그런데 실험 초기에는 B와 C가 알려져 있지 않기 때문에 해밀턴의 법칙이 무엇을 예측할 것인지를 말할 수 있는 방법이 없다. 일단 실험이 마무리되고 나면 HRG는 소급을 통해 B와 C의 값들을 계산해 낼 것이다. 그리하여 해당 특성이 증가하면 $BR-C$가 양의 값이 될 것이고, 감소하면 음의 값이 될 것이다. 그러나 이러한 '예측'은 지금까지 수집된 자료를 재배열하는 데 그칠 따름이고, 여기에는 그러한 특성이 증가했는지에 대한 정보가 이미 담겨 있다. 특히 매개 변수 B와 C는 평균적인 형질 값의 변화에 좌우된다.

HRG에 관한 두 번째로 놀라운 사실은 오직 사후적으로만 가능한 예측이 근친도나 개체군 구조의 다른 어떤 측면에도 근거를 두고 있지 않다는 것이다. 해밀턴의 법칙에서 용어들에 대한 일반적인 해석에 따르면 R는 개체군의 구조를 정량화하고 있는 반면, B와 C는 형질의 성질을 특징짓는다. 그러나 이것으로부터 귀결되는 바는 이러한 해석이 틀렸음을 보여 준다. *B*, *R*, *C*라는 세 항은 모두 개체군 구조의 함수인 반면, *BR-C*의 전체 값은 함수적으로 개체군 구조와 독립적이다. 누가 누구와 상호 작용하는지에 대한 정보는 어떤 것이건 *BR-C* 값을 계산할 때 상쇄되어 버린다.

HRG에 관한 세 번째 사실은 이 법칙을 시험(또는 무효화)해 볼 수 있는, 구상해 볼 수 있는 실험이 존재하지 않는다는 것이다. 모든 입력 데이터는 그것이 생물학에서 왔는지의 여부를 떠나 형식적으로는 HRG에 부합한다. 그런데 이러한 부합은 자연 선택의 결과가 아니라, 다변량 선형 회귀(multivariate linear regression)에서의 기울기 사이의 관계에 대한 진술이다. 통계학에서는 기울기 사이의 이러한 관계를 적어도 1897년 이래 알고 있었다.

똑같은 공허함이 더욱 강력한 이유로 '포괄 적합도'라고 불리는 해밀턴이 제안한 추상적인 개념에까지 확장된다. 해밀턴의 법칙은 쌍을 이루어 개인에서 개인에게로, 군락의 모든 구성원에게로 확장되어 집단 전체가 총계로서의 모든 상호 작용을 통해 얼마만큼 혜택을 받게 되는지를 결정한다. 이러한 착상을 옹호하는 헌신적인, 소규모의 'IF 이론가(IF theorist, 포괄 적합도 이론가)' 학파가 있지만, 현실 세계에서 포괄 적합도는 측정된 적이 없으며, 심지어 이것을 가능하게 하는 가상의 시나리오에서마저도 성공을 거두지 못한다.

나는 포괄 적합도 이론과 그 적용 문제에 대한 나와 다른 비판자들의 생각이 틀릴 수 있음을 인정하며, 측정 또한 언젠가 이루어지거나 적어도 간접적으로 근사치에 접근할 가능성도 있음을 인정한다. 이러한 일이 일어날 경우 해밀턴이 확장한 혈연 선택 개념은 사회 생물학에 실로 중요한 기여를 하게 될 것이다. 그러나 현재로서는, 사회의 기원에 대한 이해의 지평은 오래된(그리고 단연코 가장 흥미로운) 방식을 이용해 확장되어야 한다. 다시 말해 현장과 실험실 탐구에서 수집한 데이터베이스를 어렵게 쥐어 짜내 일반화하는 방식으로 우리의 이해를 심화시켜 나가야 한다는 것이다.

7
인간
이야기

거의 4억 년 동안 육상에서 진화한 (무게 10킬로그램 혹은 그 이상의) 대형 동물 중 엄청난 수의 종들이 결국 절멸해 버렸거나 그들의 후손들로 대체되었다. 얼마나 많은 종이 탄생했으며, 얼마나 많은 종이 사라졌을까? 다소 불완전한 지식을 바탕으로 추측을 해 보도록 하자. 만약 화석 기록이 뒷받침해 주고 있는 바와 같이 종의 평균 존속 기간이 딸종(daughter species)의 평균 존속 기간까지 포함해 대략 100만 년이라면, 그리고 보수적으로 보아 이러한 대형 종이 동시대에 1,000종 살았다면, (아마도!) 지구의 역사를 통틀어 총 5억의 대형 종들이 지구에서 살았을 것이다.

수많은 종 중 오직 한 종만이 인간 수준의 지능과 사회 조직에 도달했다. 이 이례적인 사건 덕분에 지구의 모든 것들이 변했다. 앞으로 이것과 유사한 수준에 도달할 만한 다른 후보자가 나타나지 않을지도 모르고, 더 이상의 시합이 벌어지지 않을지도 모른다. 경쟁에서의 승자는 이례적으로 운이 좋은 구세계의 유인원 종이었다. 그들이 승리를 거두었던 곳은 아프리카의 동부와 남부였다. 그들이 살던 장소는 광활한 열대 사바나의 풀이 듬성듬성한 지역, 초원, 그리고 준사막 지대였다. 그 시기는 3000만 년 전과 2000만 년 전 사이였다.

인류의 기원으로 이어지는 중요한 전조 사건은 지금으로부터 500만~600만 년 전에 시작되었다. 이 시기에 단일 종의 유인원이 2종으로 분기되었다. 이때부터 두 계통의 종의 수가 크게 늘어났다. 이중 한쪽 계통은 오늘날의 호모 사피엔스가 되었고, 다른 계통은 2종의 현생 침팬지, 즉 침팬지(Pan troglodytes)와 이들보다 몸집이 작지만 인간과 더 유사한 사촌인 보노보(Pan paniscus)가 되었다.

진화를 이어 갔던 두 계통은 주로, 하지만 완전하지는 않게 땅에서 살도록 계통이 이어졌고, 이중에서 침팬지 선행 종보다 인류의 선행 종이 여기에 더 적합한 방식으로 진화했다. 침팬지의 선행 종은 뒷다리만으로, 혹은 팔다리 모두를 이용해 주먹 쥔 손을 끌면서 서툴게 뛰어다닐 수 있

아프리카의 영장류들이 인간 사냥꾼 무리가 사바나 지대를 가로지르는 모습을
관찰하고 있다. 이 인간 경쟁자들은 세상을 바꾸어 놓게 된다.

었다. 지금으로부터 적어도 440만 년 전, 지금까지 알려진 가장 오래된 인류의 조상인 아르디피테쿠스 라미두스(*Ardipithecus ramidus*)가 긴 팔을 이용해 나무를 기어올라 이리저리 이동할 수 있는 능력을 그대로 유지하면서 길어진 뒷다리로 걸어 다녔다.

이른바 땅에서 살아가는 존재로 나아가는 첫 번째 단계를 거치면서 아르디피테쿠스 라미두스 혹은 이들과 매우 유사한 종에서 오스트랄로피테신(Australopithecine, 사람아과(Hominia)에 속한 오스트랄로피테쿠스(*Australopithecus*) 속과 파란트로푸스(*Paranthropus*) 속을 아울러 일컫는 용어이다. ─ 옮긴이)이 탄생했다. 대체로 이들의 해부학적 구조는 아르디피테쿠스보다 현생 인류와 유사하며, 두 발로 걷는 데 더욱 능숙했다. 이러한 획기적인 약진에 발맞추어, 자연 선택을 통해 전신의 모습이 직립 자세에 도움이 될 수 있도록 달라졌다. 다리가 길어지면서 쭉 뻗은 모습을 하게 되었으며, 움직이는 동안 에너지 효율적인 진동 운동을 할 수 있도록 발이 길어졌다. 또한 골반이 얕은 국자 모양을 하게 되면서 내장을 지지할 수 있게 되었다. 이제 아르디피테쿠스의 무게 중심은 침팬지와 여타의 유인원 원숭이처럼 배와 등뼈에 있지 않고 다리 위로 올라가게 되었다.

오스트랄로피테신의 곧추선 몸과 형태가 인간과 거의

유사해지면서, 그들로부터 다수의 종이 기원했다. 350만 년 전과 200만 년 전 사이에 4종의 오스트랄로피테쿠스(A. 아파렌시스(*A. afarensis*), A. 바렐가잘리(*A. bahrelghazali*), A. 데이레메다(*A. deyiremeda*), A. 플라티오프스(*A. platyops*)), 그리고 이들과 매우 가까운 케냔트로푸스(*Kenyanthropus*)가 동아프리카와 중앙아프리카에 공존했을 가능성이 있다. 파편으로 남아 있는 잔해를 근거로 이야기해 보자면, 오스트랄로피테신은 진화 생물학자들이 적응 방산(adaptive radiation, 주어진 환경에 적응하는 과정에서 같은 조상을 가진 생물의 계통이 분리되는 것을 말한다. ― 옮긴이)이라고 부르는 현상의 산물이었을 것이다. 그들의 치아와 턱의 강건함의 정도는 상이한데, 이러한 사실은 섭취한 음식 유형과 관련해서 경쟁 종들 사이에서 분화가 이루어졌음을 반영한다. 일반적으로 머리뼈의 크기와 비교해 이빨과 뼈가 크고 무거울수록, 먹을거리에 포함되었을 식물들이 거칠었다고 볼 수 있다.

근연종을 만드는 적응 방산이 일어날 경우 일반적으로 상호 경쟁이 줄어들며, 동일한 지리학적 지역에 더 많은 종이 공존할 수 있게 된다. 근연종들끼리 접촉이 이루어지게 되면 해부학적, 행동학적 특징이 분기되는 경향이 있는데, 이러한 분산 방식은 경쟁을 더욱 줄인다. 형질 치환(character displacement, 같은 지역에 서식하는 동소성 개체군들이 서로 다른 지역에 사는 이소성 개체군보다 형질 분화가 더 많이 일어나는 경향을 가리킨다.—옮긴이)이라고 불리는 이러한 현상은 인간의 진화 전반에 걸쳐 중요한 역할을 했을 것이다.

종 분화 과정을 이해할 경우, 그리고 이것에 따르는 부분적 교배, 형질 치환, 적응 방산을 함께 이해할 경우, 인류의 조상이 남긴 유해 대부분에서 접하게 되는 일부 복잡한 변이들을 설명하는 데에 도움을 받을 수 있다. 이들 중에는 호모 하빌리스(*Homo habilis*)와 최근 조지아 공화국의 드마니시(Dmanisi)라는 작은 마을에서 발견된 화석인 호모 게오르기쿠스(*Homo georgicus*)를 포함한 호모 속(*Homo*, 사람속)의 초창기 일원들, 그리고 최근 들어 남아프리카에서 발견된 종인 호모 날레디(*Homo naledi*)가 있다. 우리가 해결해야 하는 또 다른 퍼즐은 네안데르탈인, 데니소반인(Denisovans), 그리고 호모 사피엔스 간의 계통, 그리고 그들 간의 경쟁 관계이다.

초기 인류의 진화를 해석하는 데에 도움이 될 수 있는 또 다른 진화 생물학의 원리는 복합 진화(composite evolution, 오늘날 진화는 교차 교배, 돌연변이 이론, 이종 교배론 등의 약 열 가지 정도의 진화 이론이 복합적으로 적용되어 진행되는 것으로 파악된다.—옮긴이)이다. 원시 종과 발달된 종 사이의 '미싱 링크(missing link, 잃어버린 고리)' 종은 모자이크(mosaic)인 경향이 있다. 다시 말해 이러한 종은 대개 일부 해부학적 부위들이 다른 종들에 비해 더 발달하는 것이다. (모자이크 진화란, 진화 과정에서 신체 부위나 기관계 일부가 몸의 다른 부위와 다른 방식, 다른 속도로 진화하는 현상을 말한다. — 옮긴이) 이러한 현상이 나타나는 것은 서로 다른 형질이 서로 다른 속도로 진화하는 경향이 있기 때문이다. 관련된 주목할 만한 사례는 뉴저지 주의 퇴적물에서 발견된 중생대 최초의 개미 화석인데, 이것은 이전에 가장 오래된 화석으로 알려진 것보다 2500만 년 정도 더 오래된 것이다. 이러한 중생대의 개미 조상 혹은 유사 조상은 조상 말벌 종, 그리고 이들로부터 파생된 최초의 개미 사이의 모자이크였다. 유달리 눈에 띄는 것은 이 화석의 위턱이 말벌의 것과 같고, 허리와 후흉막분비선(metapleural gland, 늑막샘)은 개미와 같으며, 더듬이는 말벌과 개미의 중간 정도의 특징을 갖추고 있다는 점이다. 이들을 연구한 최초의 사람으로서 나는 이 화석에 '말벌 개미'를 의미하는 *Sphecomyrma*라는 학명을 붙여 주었다.

우리 조상의 경우는 호모 날레디가 모자이크 진화의 최초 사례이다. 이 종은 2015년에 남아프리카의 라이징 스타(Rising Star) 동굴에서 다량의 화석이 발견된 것으로 알려져 있다. 호모 날레디 신체의 구성 요소들, 특히 손, 발, 머리뼈의 일부 요소들은 현생 호모 속에 가깝다. 하지만 그들의 뇌 크기는 450~550세제곱센티미터로 오렌지만 하다. 이것은 현생 인류보다 침팬지의 뇌에 가까운 부피이며, 우리 조상인 오스트랄로피테신의 범위를 벗어나지 않는 크기에 해당한다.

선사 시대의 인류 진화 전체를 통틀어 가장 중요한 사건은 300만 년 전과 200만 년 전 사이에 있었던 호모 하빌리스의 기원이었다. 숲이 열리고 잡목으로 이루어진 건조림과 초원의 조합으로 이루어진 사바나 지대가 확장되고 있었다. 오스트랄로피테신과 초기의 호모 속 동물들은 거의 전적으로 나무와 관목의 C3 광합성에 바탕을 둔 먹을거리만을 먹었는데, 이것은 오늘날의 침팬지와 상당히 유사하다. 그런데 여기에서 열대 사바나와 사막에서 전형적으로 볼 수 있는 풀과 사초과의 식물들, 그리고 주로 다육 식물들에서 이루어지는 C4 광합성에 바탕을 둔 먹을거리를 먹는 방향으로 전환이 이루어졌다.

우리의 조상인 오스트랄로피테신의 종은 즐겨 먹는 식물뿐만 아니라 여타의 기본적인 생태적 특성도 차이가 있는 주요 서식지에서 살았다. 지형이 점차 훤히 트이게 되면서 대형 동물들을 더욱 쉽게 발견하고 추적할 수 있게 되었고, 포식자들의 습격을 더욱 쉽게 피할 수 있었다. 광야를 가로지르는 여행은 방해 요인이 줄어들었고, 더욱 정확하게 이루어질 수 있게 되었다.

사바나의 환경 속에는 인류의 출현에 더욱 중요한 또 다른 특징이 포함되어 있었는데, 번개가 쳐서 지상에서 화재가 빈번하게 발생했다는 사실이 그것이다. 강풍이 불어 불길이 지면을 휩쓸고 지나가면 불에 익은 동물의 사체가 나왔다. 이전까지 썩은 고기를 먹었던 인류의 조상들은 도마뱀이나 쥐보다 몸집이 큰 동물을 포함해, 동물 고기를 더욱 빈번하고도 풍부하게 얻을 수 있게 되었을 것이다. 심지어 음식 수집량이 조금만 늘어나도 그들은 커다란 이익을 얻을 수 있었다. 모든 것을 고려해 볼 때, 칼로리 섭취가 삶을 좌우하는 생물에게 고기는 최고의 음식이다. 고기는 과일과 야채보다 1그램당 더 높은 에너지를 생산한다.

오늘날의 침팬지들은 자신들의 거주 지역 내에서 무리를 이루어 이동하면서 과일과 식물성 음식들을 수집한다. 그들은 열매를 맺는 나무가 발견되면 서로 연락을 취한다. 침팬지 수컷 무리는 협력을 통해 버빗원숭이를 사냥함으로써 자신들이 채워야 하는 매우 소량의 열량을 획득하기도 한다. 이들은 자신들이 속한 더 큰 무리의 다른 성원들과 날고기를 나누어 먹기도 한다.

어쩌면 오스트랄로피테신의 개체군은 당시 경쟁 종들의 압력을 받고 있었을지도 모른다. 그들은 새로 불에 탄 지역을 탐색해 보면서 채식 위주의 원래 식단에서 땅에 떨

인류는 아프리카의 사바나에서 다른
진사회성 동물들과 본질적으로 같은 경로를 거쳐
오스트랄로피테신 계통에서 탄생했다. 사회 진화의
주요 추동력은 집단 간의 경쟁이었다. 이러한 경쟁은
폭력으로 얼룩지는 경우가 많았다. 최종적으로 이루어진
호모 속 수준으로의 급상승은 애초부터 컸던 뇌,
번개가 자주 내려치는 사바나에서 구해서 관리할 수 있는
불, 그리고 유대감을 가지고 협력하는 구성원으로
이루어진 집단이 갖는 장점이 조합을 이룸으로써
가능해졌다.

어진 고기를 주워 먹는 관행을 추가하는 쪽으로 더욱 방향을 틀었다. 그들은 자신들이 방어하는 야영지를 만들었고, 야영지와 그곳에 모여 있는 아이들을 보호하기 위해 파수꾼과 보모는 남고, 정찰꾼과 사냥꾼은 소기의 목적을 달성하기 위해 길을 나서게 되었다. 이렇게 하면서 그들은 고기를 더욱 빈번하게 주워 먹게 되었고, 약탈도 더욱 늘리게 되었는데, 이것을 통해 섭취 열량도 늘어났다.

내가 많은 인류학자들과 생물학자들과 세부적인 측면에서 어느 정도 공유하고 있는 입장에 따르면, 이 시기에 이르러 생태학적으로 뇌가 급속한 진화적인 성장을 하기 위한 단계로 접어들게 된다. 인간은 몇몇 다른 포유류 종, 예를 들어 아프리카들개와 그 핵심이 같은 경로를 거쳐 진사회성의 수준으로 발전했다. 그들은 새로운 보금자리를 만들었는데, 일부 구성원들은 이곳을 지키고 다른 구성원들은 사냥을 하거나 먹을거리를 구하러 떠났다. 수렵자와 채집자가 먹을거리를 가지고 보금자리로 돌아오면 집단 전체는 이것을 두루 나누어 먹었다. 이러한 적응 방식은 비교적 높은 수준의 사회적 지성에 바탕을 둔 협력과 분업으로 이어졌다.

과학자들이 공통으로 받아들이는 시나리오는 다음과 같다. 약 100만 년 전 불을 통제해 사용할 수 있게 되었다.

벼락을 맞은 곳에서 화재가 일어나면 횃불을 만들어 불을 다른 장소로 가져갔다. 이것은 우리 조상들의 삶의 모든 측면에서 엄청난 장점으로 작용했다. 불을 통제함으로써 먹을 수 있는 고기의 양이 늘어났고, 불을 이용해 더 많은 동물을 몰아 함정에 빠뜨릴 수 있게 되었다. 잡목 지대에서 일어난 화재로 죽은 동물들도 흔히 불에 구워졌다. 가장 초기에도 죽은 동물을 고기, 근육, 그리고 뼈로 해체했는데, 덕분에 그것들을 더 쉽게 소비할 수 있게 되었고, 이것은 중요한 결과로 이어졌다. 이후의 진화 과정에서 우리 조상의 저작과 소화에 관한 생리적 특징은 조리된 고기와 채소를 선호하도록 진화했다. 그 후 불을 이용해 요리(cooking)해서 먹는 것은 인간의 보편적인 특징으로 자리 잡았다. 요리는 식사를 함께하게 했고 사회적 유대라는 강력한 수단을 낳았다.

한 곳에서 다른 곳으로 불을 들고 다닐 수 있게 해 주는 횃불은 고기, 과일, 무기에 비견되는 중요한 자원으로 자리매김하게 되었다. 큰 나뭇가지와 잔가지 뭉치만 있으면 불을 몇 시간 동안 피울 수 있었다. 고기, 불, 요리와 더불어, 야영지 역시 한 번에 며칠 이상 계속 쓰며 머무는 장소로 활용되었다. 은신처로 보존하려고 할 만큼 지속적으로 사용되기도 했다. 동물학의 용어로 표현하자면, 이것을 둥지라고 부를 수 있을 것이다. 알려진 다른 모든 동물 종에서 이러한 둥지 사용은 진사회성에 도달하는 전조(前兆)로 간주된다. 야영지의 흔적과 여기에서 발견된 도구에 대한 증거는 호모 에렉투스(*Homo erectus*)까지 거슬러 올라간다. 이들의 뇌는 호모 하빌리스와 현생 호모 사피엔스의 중간 정도 크기였다.

　모닥불 주변에서 생활하면서 우리의 조상은 분업을 하게 되었다. 분업에는 스프링이 장착되어 있었다. 다시 말해 여기에는 기존에 있던 지배 계층 구조로 자기 조직화하려는 집단 내의 성향이 내장되어 있었던 것이다. 또한 남성과 여성, 그리고 젊은이와 노인 간에는 이미 존재하는 차이가 있었다. 더 나아가, 각각의 하위 집단 내의 구성원 간에는 야영지에 남아 있으려는 경향 외에, 리더십의 능력에서도 차이가 있었다. 알려진 다른 모든 진사회성 동물 종에서와 마찬가지로, 이러한 전적응의 불가피한 결과로 복잡한 노동 분업이 이루어지게 되었다.

　이어서 복잡한 생물학적 기관의 출현에 관한 기록 중에서 가장 빠른 진화가 이루어졌다. 예컨대 머리뼈의 용량이 오스트랄로피테쿠스의 400~500세제곱센티미터의 수준에서 호모 하빌리스의 수준을 거쳐, 호모 사피엔스의 유럽과 아시아 직계 조상인 호모 에렉투스의 약 900세제곱센티미

터에 이르렀고, 현재 우리 종의 1,400세제곱센티미터 이상
으로 증가했다.

인간 사회가 진화를 거쳐 기원하는 과정에서 집단 선택
은 개체 수준의 선택과 얽혀 있었지만 가장 중요한 역할을
했다. 우리가 우리 자신의 기원에 대해 알고 있는 것, 혹은
적어도 알고 있다고 생각하는 것을 제대로 이해하고자 한
다면 우리의 계통적 사촌들인 침팬지와 보노보의 더욱 초
보적인 조직으로 잠시 돌아가 살펴보는 편이 좋을 것이다.
그들의 본능적인 행동은 얇은 층의 문화로 덮여 있다. 일반
적으로 이 아프리카의 유인원들은 흔히 최대 150마리로 이
루어진 공동체(community)에서 살아간다. 이 공동체의 구성
원들은 주로 폭력적인 수단이 동원되는 영역 방어를 함께
한다. 일반적으로 각각의 공동체는 유동적으로 변하는 밴
드(band)들로 이루어져 있으며, 각각의 밴드는 대개 5~10마
리의 구성원으로 이루어져 있다. 그들의 공동체와 밴드 내
에서는 공격적인 행동을 흔히 살펴볼 수 있으며, 그중에서
도 밴드들 사이에서 가장 흔히 확인된다. 이런 식으로 개체
수준에서 공격을 가하는 것은 대개 수컷들이며, 그들의 목
적은 그들 자신과 그들이 속한 밴드를 위해 지위와 지배권
을 획득하는 것이다.

공동체 내의 젊은 수컷들은 경계 지역 습격을 감행하는

패거리를 빈번하게 형성한다. 이들의 목적은 다른 공동체의 구성원들을 죽이거나 쫓아내고 새로운 영토를 획득하는 것이다. 미시간 대학교 존 미타니(John Mitani)와 그의 협력자들은 침팬지들이 자연 상태에서 다른 집단을 정복하는 모습을 온전히 목격했다. 우간다 키발레(Kibale) 국립 공원에서 목격된 이러한 전쟁, 좀 더 정확히 말해 일련의 경계 지역 습격은 10년 이상의 기간에 걸쳐 이루어졌다.

총력전을 벌이는 그들의 모습은 인간의 경우와 실로 유사했다. 10~14일마다 20마리에 이르는 수컷 감시 순찰대가 조용히 줄을 서서 이동하면서 적의 영역을 침범했으며, 땅바닥에서 나무 꼭대기까지의 영역을 낱낱이 살피고, 가까운 곳에서 소리가 들릴 때마다 조심스럽게 멈춰 섰다. 침략자들은 자신들보다 더욱 커다란 세력과 마주치면 대열을 분산해 자기들의 영역으로 되돌아갔다. 반면 그들이 홀로 떨어진 수컷과 마주치는 경우에는 무리 지어 수컷을 덮쳐 물어 죽였다. 한편 그들이 암컷과 마주칠 때에는 대개 가도록 내버려 두었다. 하지만 이러한 관용은 암컷 존중의 표시가 아니었다. 암컷이 새끼를 데리고 있을 경우, 그들은 암컷에게서 새끼를 빼앗아 죽여서 먹었다. 이처럼 길고도 끊임없는 압력이 가해진 후, 그 지역에 살던 침팬지들은 마침내 영역을 포기하고 떠나 버렸고, 침입자 무리는 적의 영역

22퍼센트를 합병해 자신들의 공동체가 지배하는 땅에 추가했다.

어떤 인류학자들은 침팬지들의 경계 지역 습격과 살육이 서식지 파괴, 질병 유입, 침팬지 사냥 등을 포함한 인간에 의한 파괴를 목격함으로써 비정상적인 강도로 높아진 공격성의 부수적인 결과이며, 이것을 전적으로 합당한 가설이라고 생각했다. 반면 다른 인류학자들은 침팬지의 약탈 행위가 인간의 영향과 별개로 진화했으며, 그러한 행위가 유전적인 측면에서 적응에 도움이 된다는, 진화 생물학에 바탕을 둔 경쟁 이론이 더욱 설득력이 있다고 생각했다.

2014년 여러 나라의 인류학자와 생물학자 30명으로 구성된 연구진은 침팬지가 저지른 모든 살해 사건들을 수집해 잘 정리된 자료로 만들었다. 그들은 90퍼센트 이상의 공격이 수컷들에 의해 이루어졌고, 3분의 2는 공동체를 이루는 밴드들보다는, 적대 관계에 있는 공동체들 사이에서 이루어졌음을 확인했다. 공격의 규모는 공동체에 따라 상당한 편차가 있었지만 침팬지 개체군들 주변에서 있었던 인간 활동의 차이와는 상관 관계가 별로 없었다. 그리고 경계 지역 분쟁에서 승리를 거둔 무리가 그들 공동체의 생존과 번식을 증진시켰음은 직접적인 관찰을 통해 확인할 수 있었다. 달리 말하자면, 침팬지들 간의 전쟁이 집단 선택을 추동한 것이다.

전쟁 중에 행사되는 치명적인 폭력은 그러한 폭력이 우리 종의 적응에 도움이 되는 본능임을 시사할 만큼 인간 사회에서 비일비재하다. 이것은 거의 범지구적인 현상일 뿐만 아니라 침팬지 집단 간의 전쟁에 필적할 정도의 사망률을 보여 주는 폭력이다. 다음 쪽에 첨부한 표 1은 이러한 사실을 뒷받침하는 일부 자료들이다.

고고학적 잔재, 그리고 오늘날까지 존속되고 있는 극소수의 사례로 미루어 판단해 보았을 때, 수렵 채집인 사회는 인류가 하나의 종으로서 어떻게 기원했는지 관찰할 수 있는 기회를 제공한다. 사람들은 주로 혈연으로 맺어진 밴드에서 살았다. 그들은 혈연 관계와 혼인을 매개로 다른 밴드들과 관계를 맺었다. 간혹 벌어지는 살인, 복수심으로 인한 습격 등을 완전히 배제할 정도는 아니지만, 그들은 전체로서의 밴드 집합체에 충성했다. 그들은 밴드들로 이루어진 다른 공동체들을 의심하고 두려워하며 때로는 적대감을 드러내는 경향이 있었다. 치명적인 폭력이 행사되는 경우는 흔한 일이었다.

식민지화되기 이전에 오스트레일리아에 살았던 원주민은 이와 관련한 소중한 증거 자료이다. 텔아비브 대학교의 아자르 가트(Azar Gat) 연구원은 "수렵 채집인들로 이루

표 1. 전쟁으로 인한 성인 사망률에 대한 고고학적, 민속지학적 증거
고고학적 증거. 항목의 '년 전'이란 2008년 이전을 말한다. Samuel Bowles, "Did warfare among ancestral hunter-gatherers affect the evolution of human social behaviors?" *Science* 324(5932): 1295 (2009)에서 인용. 주요 참고 문헌은 이 표에 포함되어 있지 않다.

장소	고고학적 증거	전쟁으로 인한 성인 사망률
브리티시 컬럼비아 (30지역)	5,500~334년 전	0.23
누비아(117지역)	14,000~12,000년 전	0.46
누비아(117지역 정도)	14,000~12,000년 전	0.06
우크라이나 바실리브카 3	11,000년 전	0.21
우크라이나 볼로스케	후구석기 시대	0.22
남캘리포니아(28지역)	5,500~628년 전	0.06
중앙캘리포니아	3,500~500년 전	0.05
스웨덴, 스카테홀름 1	6,100년 전	0.07
중앙캘리포니아	2,415~1,773년 전	0.08
북인도 사라 나하르 라이	3,140~2,854년 전	0.30
중앙캘리포니아(2지역)	2,240~238년 전	0.04
니제르 고베로	16,000~8,200년 전	0.00
알제리 칼룸나타	8,300~7,300년 전	0.04
프랑스 일 테비엑	6,600년 전	0.12
덴마크 보게바켄	6,300~5,800년 전	0.12
서부 파라과이 아케*	접촉 이전(1970년)	0.30
베네주엘라-콜럼비아 히위*	접촉 이전(1960년)	0.17
북동오스트레일리아 머른진* †	1910~1930년	0.21
볼리비아-파라과이 아요레오 ‡	1920~1979년	0.15
북오스트레일리아 티위§	1893~1903년	0.10
북캘리포니아 모독§	원주민 거주기	0.13
필리핀 카시구란 아그타*	1936~1950년	0.05
북오스트레일리아 안바라* † ″	1950~1960년	0.04

* 채집민(forager), † 해양민(maritime), ‡ 계절별 채집민-원예농민(horticulturalist), § 정주형 수렵 채집민, ″ 최근 정착민.

어진 유일한 대륙이었던 토착 오스트레일리아에 대한 증거 자료는 집단 간의 싸움을 포함한 치명적인 인간의 폭력이 모든 사회 수준에서, 인구 밀도와 상관없이, 가장 단순한 사회 조직에서도, 그리고 어떤 유형의 환경에서도 행해졌음을 확연하게 보여 준다."라고 적었다. 원초적인 전투에서 살펴볼 수 있는 인간 종의 공격성은 침팬지들의 공격성과 유사하지만 그들이 나타내는 개인적인 차원에서의 공격성은 더욱 복잡하게 조직화되어 있다. 관련 문제의 세부적인 측면을 상세하게 다루고 있는 가장 훌륭한 예시 중의 하나는 나폴리언 섀그넌(Napoleon A. Chagnon)과 다른 인류학자들이 수행했던, 북부 아마존 강 분지에 살고 있던 야노마뫼(Yanomamö) 족에 대한 연구이다. 폭력이 수반된 공격 행동은 영토와 관련되어 나타난다. 그들에게서는 마을들 간에 갈등이 생기는 경우가 흔한데, 결과적으로 40명 미만으로 이루어진 마을은 오래 존속할 수 없다. 개인적으로 맺는 관계가 더 복잡해짐에 따라 친족 집단의 구조 또한 흔들린다. 대개 동맹을 맺는 사람들은 따로 떨어진 마을들에 사는 다른 혈통의 개인들이다. 이러한 동맹은 나이가 비슷한 남성들 사이에 맺어지며, 외사촌들 사이에서 동맹을 맺는 경우가 가장 흔하다. 이들이 공동으로 살인을 할 경우 '우노카이(unokai)'라고 불리는 특별한 계급으로서의 특권을 누리게 되며, 일반적으로 같은 마을에서 살게 된다.

이처럼 복잡한 방식으로 동맹과 관계를 맺는 모습은 인간과 침팬지를 구분 짓게 하는, 양자 간의 사회 구조 차이를 부각한다. 그러나 양자 간 차이로 인해 탄생하는 조직이 다르다고 해서 인간 사회 진화의 원동력으로서의, 집단 차원에서 이루어지는 경쟁의 중요성이 줄어들지는 않는다. 오히려 문화 진화 과정을 거쳐 왔던 인류사 전반에 걸쳐 그러한 동맹이 선호되어 왔다고 생각하는 편이 전적으로 합당하다. 몽펠리에 대학교의 막심 드렉스(Maxime Derex)와 동료 연구자들이 고안한 수학적 모형이 예시하고 있듯이, 집단의 규모와 문화의 복잡성은 유전자와 문화가 공진화하면서 상호 강화된다. 집단의 규모가 클수록 집단 내에서 혁신이 더욱 빈번하게 발생한다. 공동 지식의 가치는 더욱 느리게 하락하고, 문화적 다양성은 더욱 완전하게, 더욱 오랜 기간 보존된다.

고생물학자들 사이에서는 우리 종의 탄생이, 그리고 우리 종을 정의하는 대규모 뇌 기억 은행의 탄생이 아프리카 야영지의 불빛 속에서 촉진되었다는 공감대가 점차 커져 가고 있다. 그 추진력은 고기를 굽는 것이었다. 내가 언급한 바와 같이, 고기를 굽는 데에는 먼저 부족 사냥꾼들이 수집한, 번개를 맞은 땅에 생긴 불이 활용되었고, 이후에는 이 장소에서 저 장소로 운반할 수 있는 횃불이 활용되었다. 구운 고기는 이동하는 집단이 쉽사리 운반할 수 있는 에너지가 높고 소화가 잘 되는 먹을거리였다. 덕분에 밴드 구성원들이 뭉칠 수 있었고 대화를 나누고 분업을 하는 것이 장점이 되었다. 전체로서의 집단에 도움이 되는 협력적이고 이타적인 행동을 하려는 경향이 정신 진화에서 나타났다. 사회적 지성이 아주 높은 수준에 도달한 것이다.

호모 하빌리스 급의 개체군에서 비롯된 초기 호모 속의 야영지에서 어떤 대화가 오갔는지는 추측에 머물 수밖에 없다. 하지만 이야기의 대략적인 내용은 지금까지 남아 있는 수렵 채집인 집단에서 이루어지는 대화로부터 추론해볼 수 있다. 관련 증거는 중요한데, 그 중요성을 감안한다면 대화에 대한 신중한 분석이 최근에야 이루어지게 되었다는 사실은 놀랍다. 인류학자 폴린 위스너(Pauline Wiessner)가 기록한 남아프리카 주/호안시(Ju/'hoansi, !쿵(!Kung) 족이 스스로를 가리키는 명칭이다.) 사람들의 대화는 음식 수집, 자원 배분, 그리고 기타 경제 문제를 중심으로 한 '낮의 대화(day talk)'와, 생명체나 매혹적인 것들에 대한 이야기가 주를 이루는 '밤의 대화(night talk)' 사이에 현저한 차이가 있다. 이중 후자는 쉽사리 노래, 춤, 종교적인 대화로 흘러간다. 밤에는 대화의 상당 부분이라고 할 수 있는 40퍼센트 정도가 긴 이야기들로 이루어지고, 또 다른 40퍼센트는 신화에 초점이 맞추어진다. 낮에 이루어지는 대화에서는 긴 이야기가 극히 일부에 불과했고, 신화 이야기는 전혀 포함되어 있지 않았다.

늦은 오후, 가족들은 저녁 식사를 하기 위해 불 주변으로 모여들었다. 저녁 식사를 하고 어두워진 후, 낮의 냉엄했던 분위기가 감미로워지고, 기분이 좋아진 사람들은 이야기를 하거나 음악을 만들거나 춤을 추기 위해 불가로 모여들었다. 어떤 밤에는 큰 집단들이 소집되고 다른 밤에는 작은 집단들이 소집되었다. 경제적 관심거리와 사회적 불평거리를 제쳐둠으로써 대화의 초점이 근본적으로 바뀌었다. 이 시기에는 긴 대화가 81퍼센트를 차지했다. …… 남녀 모두 이야기를 들려주었는데, 특히 예술에 정통한 나이 든 사람들이 그러했다. 모두가 그런 것은 아니지만 야영지의 리더들은 대개 훌륭한 이야기꾼들이었다. 1970년대 최고의 이야기꾼이 둘 있었는데, 그들은 모두 맹인이었지만 유머와 말솜씨로 사랑을 받았다. 이야기는 모두에게 긍정적이었다. 먼저 다른 사람들을 철저히 몰입하게 만든 사람들은 자신들의 이야기가 전해지면서 사람들의 인정을 받을 수 있었다. 다음으로 이야기를 듣는 사람들은 직접 비용을 들이지 않고 다른 사람들의 경험을 들으

주/호안시 족의 스토리텔링.

면서 즐거움을 느낄 수 있었다. 스토리텔링은 야영지 너머의 사람들을 기억하고 아는 데 매우 중요했는데, 때문에 어떤 사람의 인품과 정서를 전달하는 데에 도움이 되는 언어 조작에 대한 강한 사회적 선택이 있었을 것이다.

뇌의 크기가 커짐에 따라, 가장 초기에 탄생한 호모 속에서부터 사회적 상호 작용에 사용되는 시간이 늘어난 듯하다. 옥스퍼드 대학교 로빈 던바(Robin I. M. Dunbar)는 추론을 통해 사회적 상호 작용에 사용되는 시간이 늘어나는 추세가 있음을 보여 주었다. 그는 현존하는 원숭이와 유인원에서 확인해 볼 수 있는 두 가지의 상관 관계를 활용했다. 그중 첫 번째는 집단의 규모와 몸치장을 하는 데 사용된 시간 사이의 상관 관계이며, 두 번째는 유인원 집단의 규모와 머리뼈 용량 사이의 상관 관계이다. 오스트랄로피테신과 그들로부터 탄생한 호모 계열의 종까지 확장해 본 이 방법은ー물론 확실한 것은 아니지만ー'요구되는 사회적 상호 작용의 시간(required social time)'이 가장 초기의 호모 종에서 하루에 약 1시간에서 2시간으로 늘어난 후, 현생 인류에서 4시간에서 5시간으로 늘어났음을 시사한다. 간단히 말해, 더 늘어난 사회적 상호 작용은 더 큰 두뇌와 더 높은 지능이 진화하는 데 없어서는 안 될 핵심 요소였던 것이다.

더 읽을거리

1 기원을 찾아서

Darwin, C. 1859. *On the Origin of Species* (London: John Murray).

Haidt, J. 2012. *The Righteous Mind: Why Good People Are Divided by Politics and Religion* (New York: Pantheon Books).

Ruse, M., and J. Travis, eds. 2009. *Evolution: The First Four Billion Years* (Cambridge, MA: Belknap Press of Harvard University Press).

Standen, E. M., T. Y. Du, and H. C. E. Larsson. 2014. Developmental plasticity and the origin of tetrapods. *Nature* 513(7516): 54. 58.

West-Eberhard, M. J. 2003. *Developmental Plasticity and Evolution* (New York: Oxford University Press).

Wilson, E. O. 2014. *The Meaning of Human Existence* (New York: Liveright).

Wilson, E. O. 2015. *The Social Conquest of Earth* (New York: Liveright).

2 진화의 대전환

An, J. H., E. Goo, H. Kim, Y-S. Seo, and I. Hwang. 2014. Bacterial quorum sensing and metabolic slowing in a cooperative population. *Proceedings of the National Academy of Sciences*, USA 111(41): 14912. 14917.

Maynard Smith, J., and E. Szathmary. 1995. *The Major Transitions of Evolution* (New York: W. H. Freeman Spektrum).

Miller, M. B., and B. L. Bassler. 2001. Quorum sensing in bacteria. *Annual Review of Microbiology* 55: 165-199.

Wilson, E. O. 1971. *The Insect Societies* (Cambridge, MA: Belknap Press of Harvard University Press).

3 대전환의 딜레마

Boehm, C. 2012. *Moral Origins: The Evolution of Virtue, Altruism, and Shame* (New York: Basic Books).

Graziano, M. S. N. 2013. *Consciousness and the Social Brain* (New York: Oxford University Press).

Haidt, J. 2012. *The Righteous Mind: Why Good People Are Divided by Politics and Religion* (New York: Pantheon Books).

Li, L., H. Peng, J. Kurths, Y. Yang, and H. J. Schellnhuber. 2014. Chaos-order transition in forging behavior of ants. *Proceedings of the National Academy of Sciences*, USA 111(23): 8392. 8397.

Pruitt, J. N. 2013. A real-time eco-evolutionary dead-end strategy is mediated by the traits of lineage progenitors and interactions with colony invaders. *Ecology Letters* 16: 879. 886.

Ruse, M., ed. 2009. *Philosophy After Darwin* (Princeton, NJ: Princeton

University Press).

Wilson, E. O. 2014. *The Meaning of Human Existence* (New York: Liveright).

Wright, C. M., C. T. Holbrook, and J. N. Pruitt. 2014. Animal personality aligns task specialization and task proficiency in a spider society. *Proceedings of the National Academy of Sciences*, USA 111(26): 9533. 9537.

4 사회의 진화 과정

Darwin, C. 1859. *On the Origin of Species* (London: John Murray).

Dunlap, A. S., and D. W. Stephens. 2014. Experimental evolution of prepared learning. *Proceedings of the National Academy of Sciences*, USA 11(32): 11750. 11755.

Hendrickson, H., and P. B. Rainey. 2012. How the unicorn got its horn. *Nature* 489(7417): 504. 505.

Hutchinson, J. 2014. Dynasty of the plastic fish. *Nature* 513(7516): 37. 38.

Maynard Smith, J., and E. Szathmary. 1995. *The Major Transitions in Evolution* (New York: W. H. Freeman Spektrum).

Melo, D., and G. Marroig. 2015. Directional selection can drive the evolution of modularity in complex traits. *Proceedings of the National Academy of Sciences*, USA 112(2): 470. 475.

Standen, E. M., T. Y. Du, and H. C. E. Larsson. 2014. Developmental plasticity and the origin of tetrapods. *Nature* 513(7516): 54. 58.

West-Eberhard, M. J. 2003. *Developmental Plasticity and Evolution* (New York: Oxford University Press).

5 진사회성으로 향한 마지막 관문

Bang, A., and R. Gadagkar. 2012. Reproductive queue without overt conflict in the primitively eusocial wasp Ropalidia marginata. *Proceedings of the National Academy of Sciences*, USA 109(36): 14494. 14499.

Biedermann, P. H. W., and M. Taborsky. 2011. Larval helpers and age polyethism in ambrosia beetles. *Proceedings of the National Academy of Sciences*, USA 108(41): 17064. 17069.

Cockburn, A. 1998. Evolution of helping in cooperatively breeding birds. Annual Review of Ecology, *Evolution, and Systematics* 29: 141. 177.

Costa, J. T. 2006. *The Other Insect Societies* (Cambridge, MA: Belknap Press of Harvard University Press).

Derex, M., M.-P. Beugin, B. Godelle, and M. Raymond. 2013. Experimental evidence for the influence of group size on cultural complexity. *Nature* 503(7476): 389. 391.

Evans, H. E. 1958. The evolution of social life in wasps. *Proceedings of the Tenth International Congress of Entomology* 2: 449. 451.

Holldobler, B., and E. O. Wilson. *The Ants* (Cambridge, MA: Belknap Press of Harvard University Press).

Hunt, J. H. 2011. A conceptual model for the origin of worker behaviour and adaptation of eusociality. *Journal of Evolutionary Biology* 25: 1. 19.

Liu, J., R. Martinez-Corral, A. Prindle, D.-Y. D. Lee, J. Larkin, M. Gabalda-Sagarra, J. Garcia-Ojalvo, and G. M. Suel. 2017. Coupling between distant biofilms and emergence of nutrient time-sharing. *Science* 356(6338): 638. 642.

Michener, C. D. 1958. The evolution of social life in bees. *Proceedings of the Tenth International Congress of Entomology* 2: 441. 447.

Nalepa, C. A. 2015. Origin of termite eusociality: Trophallaxis integrates the social, nutritional, and microbial environment. *Ecological Entomology* 40(4): 323. 335.

Pruitt, J. N. 2012. Behavioural traits of colony founders affect the life history of their colonies. *Ecology Letters* 15: 1026. 1032.

Rendueles, O., P. C. Zee, I. Dinkelacker, M. Amherd, S. Wielgoss, and G. J. Velicer. 2015. Rapid and widespread de novo evolution of kin discrimination. *Proceedings of the National Academy of Sciences, USA* 112(29): 9076. 9081.

Richerson, P. 2013. Group size determines cultural complexity. *Nature* 503(7476): 351. 352.

Rosenthal, S. B., C. R. Twomey, A. T. Hartnett, H. S. Wu, and I. D. Couzin. 2015. Revealing the hidden networks of interaction in mobile animal groups allows prediction of complex behavioral contagion. *Proceedings of the National Academy of Sciences, USA* 112(15): 4690. 4695.

Szathmary, E. 2011. To group or not to group? *Science* 334(6063): 1648. 1649.

Wilson, E. O. 1971. *The Insect Societies* (Cambridge, MA: Belknap Press of Harvard University Press).

Wilson, E. O. 1975. *Sociobiology: The New Synthesis* (Cambridge, MA: Belknap Press of Harvard University Press).

Wilson, E. O. 1978. *On Human Nature* (Cambridge, MA: Harvard

University Press).

Wilson, E. O. 2008. One giant leap: How insects achieved altruism and colonial life. *BioScience* 58(1): 17. 25.

Wilson, E. O., and M. A. Nowak. 2014. Natural selection drives the evolution of ant life cycles. *Proceedings of the National Academy of Sciences*, USA 111(35): 12585. 12590.

6 집단 선택

Abbot, P., J. H. Withgott, and N. A. Moran. 2001. Genetic conflict and conditional altruism in social aphid colonies. *Proceedings of the National Academy of Sciences*, USA 98(21): 12068. 12071.

Abouheif, E., and G. A. Wray. 2002. Evolution of the gene network underlying wing polyphenism in ants. *Science* 297(5579): 249. 252.

Adams, E. S., and M. T. Balas. 1999. Worker discrimination among queens in newly founded colonies of the fire ant Solenopsis invicta. *Behavioral Ecology and Sociobiology* 45(5): 330. 338.

Allen, B., M. A. Nowak, and E. O. Wilson. 2013. Limitations of inclusive fitness. *Proceedings of the National Academy of Sciences*, USA 110(50): 20135. 20139.

Avila, P., and L. Fromhage. 2015. No synergy needed: Ecological constraints favor the evolution of eusociality. *American Naturalist* 186(1): 31. 40.

Bang, A., and R. Gadagkar. 2012. Reproductive queue without overt conflict in the primitively eusocial wasp Ropalidia marginata. *Proceedings of the National Academy of Sciences*, USA 109(36): 14494. 14499.

Birch, J., and S. Okasha. 2015. Kin selection and its critics. *Bio-Science* 65(1): 22. 32.

Boehm, C. 2012. *Moral Origins: The Evolution of Virtue, Altruism, and Shame* (New York: Basic Books).

Bourke, A. F. G. 2013. A social rearrangement: Genes and queens. *Nature* 493(7434): 612.

De Vladar, H. P., and E. Szathmary. 2017. Beyond Hamilton's rule. *Science* 356(6337): 485. 486.

Gat, A. 2018. Long childhood, family networks, and cultural exclusivity: Missing links in the debate over human group selection and altruism. *Evolutionary Studies in Imaginative Culture* 2(1): 49. 58.

Haidt, J. 2012. *The Righteous Mind: Why Good People Are Divided by Politics and Religion* (New York: Pantheon Books).

Holldobler, B., and E. O. Wilson. 2009. *The Superorganism: The Beauty, Elegance, and Strangeness of Insect Societies* (New York: W. W. Norton).

Hunt, J. H. 2018. An origin of eusociality without kin selection. In preparation.

Kapheim, K. M., et al. 2015. Genomic signatures of evolutionary transitions from solitary to group living. *Science* 348(6239): 1139. 1142.

Linksvayer, T. 2014. Evolutionary biology: Survival of the fittest group. *Nature* 514(7522): 308. 309.

Mank, J. E. 2013. A social rearrangement: Chromosome mysteries. *Nature* 493(7434): 612. 613.

Nalepa, C. I. 2015. Origin of termite eusociality: Trophallaxis integrates the social, nutritional, and microbial environments. *Ecological Entomology* 40(4): 323. 335.

Nowak, M. A., A. McAvoy, B. Allen, and E. O. Wilson. 2017. The general form of Hamilton's rule makes no predictions and cannot be tested empirically. *Proceedings of the National Academy of Sciences*, USA 114(22): 5665. 5670.

Oster, G. F., and E. O. Wilson. 1978. *Caste and Ecology in the Social Insects* (Princeton, NJ: Princeton University Press).

Pruitt, J. N. 2012. Behavioural traits of colony founders affect the life history of their colonies. *Ecology Letters* 15: 1026. 1032.

Pruitt, J. N. 2013. A real-time eco-evolutionary dead-end strategy is mediated by the traits of lineage progenitors and interactions with colony invaders. *Ecology Letters* 16: 879. 886.

Pruitt, J. N., and C. J. Goodnight. 2014. Site-specific group selection drives locally adapted group compositions. *Nature* 514(7522): 359. 362.

Rendueles, O., P. C. Zee, I. Dinkelacker, M. Amherd, S. Wielgoss, and G. J. Velicer. 2015. Rapid and widespread de novo evolution of kin discrimination. *Proceedings of the National Academy of Sciences*, USA 112(29): 9076. 9081.

Ruse, M., and J. Travis, eds. 2009. *Evolution: The First Four Billion Years* (Cambridge, MA: Belknap Press of Harvard University Press).

Science and Technology: Ecology. 2015. Pack power. *The Economist*, 30 May: 79. 80.

Shbailat, S. J., and E. Abouheif. 2013. The wing patterning network in the wingless castes of myrmicine and formicine species is a mix of evolutionarily labile and non-labile genes. *Journal of Experimental Zoology* (Part B: *Molecular and Developmental Evolution*) 320: 74. 83.

Silk, J. B. 2014. Animal behaviour: The evolutionary roots of lethal conflict. *Nature* 513(7518): 321. 322.

Teseo, S., D. J. Kronauer, P. Jaisson, and N. Chaline. 2013. Enforcement of reproductive synchrony via policing in a clonal ant. *Current Biology* 23(4): 328. 332.

Thompson, F. J., M. A. Cant, H. H. Marshall, E. I. K. Vitikainen, J. L. Sanderson, H. J. Nichols, J. S. Gilchrist, M. B. V. Bell, A. J. Young, S. J. Hodge, and R. A. Johnstone. 2017. Explaining negative kin discrimination in a cooperative mammal society. *Proceedings of the National Academy of Sciences*, USA 114(20): 5207. 5212.

Tschinkel, W. R. 2006. *The Fire Ants* (Cambridge, MA: Belknap Press of Harvard University Press).

Wang, J., Y. Wurm, M. Nipitwattanaphon, O. Riba-Grognuz, Y. C. Huang, D. Shoemaker, and L. Keller. 2013. A Y-like social chromosome causes alternative colony organization in fire ants. *Nature* 493(7434): 664. 668.

Wilson, D. S., and E. O. Wilson. 2007. Rethinking the theoretical foundation of sociobiology. *Quarterly Review of Biology* 82(4): 327. 348.

Wilson, E. O. 1971. *The Insect Societies* (Cambridge, MA: Harvard University Press).

Wilson, E. O. 2008. One giant leap: How insects achieved altruism and colonial life. *BioScience* 58(1): 17. 24.

Wilson, E. O. 2012. *The Social Conquest of Earth* (New York: Liveright).

Wilson, M. L., et al. 2014. Lethal aggression in Pan is better explained by adaptive strategies than human impacts. *Nature* 513(7518): 414. 417.

Wright, C. M., C. T. Holbrook, and J. N. Pruitt. 2014. Animal personality aligns task specialization and task proficiency in a spider society. *Proceedings of the National Academy of Sciences*, USA 111(26): 9533. 9537.

7 인간 이야기

Aanen, D. K., and T. Blisseling. 2014. The birth of cooperation. *Science* 345(6192): 29. 30.

An, J. H., E. Goo, H. Kim, Y.-S. Seo, and I. Hwang. 2014. Bacterial quorum sensing and metabolic slowing in a cooperative population. *Proceedings of the National Academy of Sciences*, USA 111(41): 14912. 14917.

Anton, S. C., R. Potts, and L. C. Aiello. 2014. Evolution of early Homo: An integrated biological perspective. *Science* 345(6192): 45.

Barragan, R. C., and C. S. Dweck. 2014. Rethinking natural altruism: Simple reciprocal interactions trigger children's benevolence. *Proceedings of the National Academy of Sciences*, USA 111(48): 17071. 17074.

Bateman, T. S., and A. M. Hess. 2015. Different personal propensities among scientists relate to deeper vs. broader knowledge contributions. *Proceedings of the National Academy of Sciences*, USA 112(12): 3653. 3658.

Boardman, J. D., B. W. Domingue, and J. M. Fletcher. 2012. How social and genetic factors predict friendship networks. *Proceedings of the National Academy of Sciences*, USA 109(43): 17377. 17381.

Boehm, C. 2012. *Moral Origins: The Evolution of Virtue, Altruism, and Shame* (New York: Basic Books).

Botero, C. A., B. Gardner, K. R. Kirby, J. Bulbulia, M. C. Gavin, and R. D. Gray. 2014. The ecology of religious beliefs. *Proceedings of the National Academy of Sciences*, USA 111(47): 16784. 16789.

Brown, K. S., C. W. Marean, Z. Jacobs, B. J. Schoville, S. Oestmo, E. C. Fisher, J. Bernatchez, P. Karkanas, and T. Matthews. 2012. An early and enduring advanced technology originating 71,000 years ago in South Africa. *Nature* 491(7425): 590. 593.

Cockburn, A. 1998. Evolution of helping in cooperatively breeding birds. *Annual Review of Ecology, Evolution, and Systematics* 29: 141. 177.

Crockett, M. J., Z. Kurth- Nelson, J. Z. Siegel, P. Dayan, and R. J. Dolan. 2014. Harm to others outweighs harm to self in moral decision making. *Proceedings of the National Academy of Sciences*, USA 111(48): 17320. 17325.

Di Cesare, G., C. Di Dio, M. Marchi, and G. Rizzolatti. 2015. Expressing our internal states and understanding those of others. *Proceedings of the National Academy of Sciences*, USA 112(33): 10331. 10335.

Dunbar, R. I. M. 2014. How conversations around campfires came to be. *Proceedings of the National Academy of Sciences*, USA 111(39): 14013. 14014.

Flannery, K. V., and J. Marcus. 2012. *The Creation of Inequality: How Our Prehistoric Ancestors Set the Stage for Monarchy, Slavery, and Empire* (Cambridge, MA: Harvard University Press).

Foer, J. 2015. It's time for a conversation (dolphin intelligence). *National Geographic* 227(5): 30. 55.

Gallo, E., and C. Yan. 2015. The effects of reputational and social knowledge on cooperation. *Proceedings of the National Academy of Sciences*, USA 112(12): 3647. 3652.

Gintis, H. 2016. *Individuality and Entanglement: The Moral and Material Bases of Social Life* (Princeton, NJ: Princeton University Press).

Gomez, J. M., M. Verdu, A. Gonzalez-Megias, and M. Mendez. 2016. The phylogenetic roots of human lethal violence. *Nature* 538(7624): 233. 237.

Gonzalez- Forero, M., and S. Gavrileta. 2013. Evolution of manipulated behavior. *American Naturalist* 182(4): 439. 451.

Gottschall, J., and D. S. Wilson, eds. 2005. *The Literary Animal: Evolution and the Nature of Narrative* (Evanston, IL: Northwestern University Press).

Halevy, N., and E. Halali. 2015. Selfish third parties act as peacemakers by transforming conflicts and promoting cooperation. *Proceedings of the National Academy of Sciences*, USA 112(22): 6937. 6942.

Heinrich, B. 2001. *Racing the Antelope: What Animals Can Teach Us About Running and Life* (New York: Cliff Street).

Hilbe, C., B. Wu, A. Traulsen, and M. A. Nowak. 2014. Cooperation and control in multiplayer social dilemmas. *Proceedings of the National Academy of Sciences*, USA 111(46): 16425. 16430.

Hoffman, M., E. Yoeli, and M. A. Nowak. 2015. Cooperate without looking: Why we care what people think and not just what they do. *Proceedings of the National Academy of Sciences*, USA 112(6): 1727. 1732.

Keiser, C. N., and J. N. Pruitt. 2014. Personality composition is more important than group size in determining collective foraging behaviour in the wild. *Proceedings of the Royal Society B* 281(1796): 1424. 1430.

Leadbeater, E., J. M. Carruthers, J. P. Green, N. S. Rosen, J. Field. 2011. Nest inheritance is the missing source of direct fitness in a primitively eusocial insect. *Science* 333(6044): 874. 876.

LeBlanc, S. A., and K. E. Register. 2003. *Constant Battles: The Myth of the Peaceful, Noble Savage* (New York: St. Martin's Press).

Liu, J., R. Martinez-Corral, A. Prindle, D.-Y. D. Lee, J. Larkin, M. Gabalda-Sagarra, J. Garcia-Ojalvo, and G. M. Suel. 2017. Coupling between distant biofilms and emergence of nutrient time-sharing. *Science* 356(6338): 638. 642.

Macfarlan, S. J., R. S. Walker, M. V. Flinn, and N. A. Chagnon. 2014. Lethal coalitionary aggression and long- term alliance formation among Yanomamo men. *Proceedings of the National Academy of Sciences*, USA 111(47): 16662. 16669.

Martinez, A. E., and J. P. Gomez. 2013. Are mixed-species bird flocks stable through two decades? *American Naturalist* 181(3): E53. E59.

Mesterton-Gibbons, M., and S. M. Heap. 2014. Variation between self- and mutual assessment in animal contests. *American Naturalist* 183(2): 199. 213.

Miller, M. B., and B. L. Bassler. 2001. Quorum sensing in bacteria. *Annual Review of Microbiology* 55: 165. 199.

Muchnik, L., S. Aral, and S. J. Taylor. 2013. Social influence bias: A randomized experiment. *Science* 341(6146): 647. 651.

Opie, C., et al. 2014. Phylogenetic reconstruction of Bantu kinship challenges main sequence theory of human social evolution. *Proceedings of the National Academy of Sciences*, USA 111(49): 17414. 17419.

Rand, D. G., M. A. Nowak, J. H. Fowler, and N. A. Christakis. 2014. Static network structure can stabilize human cooperation. *Proceedings of the National Academy of Sciences*, USA 111(48): 17093. 17098.

Roes, F. L. 2014. Permanent group membership. *Biological Theory* 9(3): 318. 324.

Suderman, R., J. A. Bachman, A. Smith, P. K. Sorger, and E. J. Deeds. 2017. Fundamental trade-offs between information flow in single cells and cellular populations. *Proceedings of the National Academy of Sciences*, USA 114(22): 5755. 5760.

Thomas, E. M. 2006. *The Old Way: A Story of the First People* (New York: Farrar, Straus and Giroux).

Tomasello, M. 1999. *The Cultural Origins of Human Cognition* (Cambridge, MA: Harvard University Press).

Wiessner, P. W. 2014. Embers of society: Firelight talk among the Ju/'hoansi Bushmen. *Proceedings of the National Academy of Sciences*, USA 111(39): 14027. 14035.

Wilson, E. O. 1975. *Sociobiology: The New Synthesis* (Cambridge, MA: Belknap Press of Harvard University Press), p. 39.

Wilson, E. O. 2012. *The Social Conquest of Earth* (New York: Liveright).

Wilson, E. O. 2014. *The Meaning of Human Existence* (New York: Liveright).

Wilson, M. L., et al. 2014. Lethal aggression in Pan is better explained by adaptive strategies than human impacts. *Nature* 513(7518): 414. 417.

Wrangham, R. W. 2009. *Catching Fire: How Cooking Made Us Human* (New York: Basic Books).

Wrangham, R. W., and D. Peterson. 1996. *Demonic Males: Apes and the Origins of Human Violence* (Boston: Houghton Mifflin).

감사의 글

이 책을 쓰는 데 있어 많은 분이 큰 도움을 주셨다. 그 모든 분에게 감사 인사를 드린다. 특히 하버드 대학교의 캐슬린 호튼(Kathleen M. Horton), 리버라이트 출판사의 로버트 웨일(Robert Weil)의 조언과 지원에 감사한다. 진사회적 단계로 이어지는 절지동물의 아사회 단계의 핵심을 종합해 준 것에 대해선 제임스 코스타(James T. Costa)에게 고마움을 전한다.

윌슨이 남긴
길고 긴 그림자

1

　내가 에드워드 윌슨 교수를 처음 만난 것(물론 직접 만난 것은 아니다.)은 1990년대 중후반이 아니었나 싶다. 당시 진화론이 윤리에 시사하는 바에 관한 학위 논문을 준비하던 나는 이타성에 대한 진화론의 설명을 알게 되었고, 그러면서 도덕 철학과 관련되는 윌슨의 주장들을 이곳저곳 찾아보았던 기억이 지금도 생생하다. 당시 내가 이해하는 윌슨은 유전자 선택 이론을 받아들이고 있었는데, 그는 이것을 이용해 개미와 인간을 포함, 사회성 동물에서 나타나는 전형적인 특징이 확인되는 이유를 설명하려 했다. 이때 윌슨 교수와 더불어 내가 관심을 가졌던 또 다른 학자는 『이기적 유전자』의 저자 리처드 도킨스였는데, 그러다 보니 나는 자연스레 유전자 선택이 사회 생물학의 토대를 이루는 이론이라고 생각하게 되었다. 내 입장에서 보았을 때 유전자 선택 이론은 언뜻 봤을 때 상식적이지만 결코 상식적이지 않은 현상, 예컨대 인간이 인간을 대상으로 이성애를 느끼지 사물을 대상으로 그러한 감정을 느끼지 않는 이유, 모성애가 전형적으로 나타나는 이유 등을 명쾌하게 설명해 주는 매우 흥미로운 이론이었다. 만약 어떤 사람이 사물에 대해 이성애를 느낀다면 그는 자신의 유전자를 후대에 남길 수 없을 것이다. 이것과 유사하게 어미가 자신의 자손을 돌보지 않을 경우 자신의 유전자를 존속할 수 없게 될 것이다.

시간이 흘러 지금은 2023년이다. 10년이면 강산도 변한다는 말이 있지만 나는 어떤 학자의 학문적 입장이 시간이 흘렀다고 확연하게 달라질 거라고는 생각하지 않았다. 그런데 2000년대 들어 윌슨 교수의 입장이 달라졌다는 이야기를 들었고, 나는 뒤늦게 이 책을 번역하면서 이것을 직접 확인할 수 있었다. 사실 이 책의 내용을 충분히 검토하고 나서 번역을 맡은 것이 아니었기에 나는 책에서의 윌슨 교수의 입장이 달라졌다고 해도 크게 달라졌으리라 생각하지 않았다. 하지만 번역을 하면서 나는 그것이 잘못이었음을 느낄 수 있었고, 문득 과거에 내가 알고 있던 윌슨 교수의 입장과 이 책에서의 입장이 어떻게 조화를 이룰 수 있는지가 궁금해졌다. 이러한 궁금증이 생긴 것은 그만큼 내게는 윌슨 교수의 태도 변화가 적지 않은 충격이기 때문이다. 이타성에 국한해서 이야기하자면 나는 오늘날의 진화론에서 받아들이는 기본적인 이타성이 혈연 이타성과 호혜적 이타성이라 생각했고, 집단에 대해 나타내는 개체의 이타성은 변방쯤으로 여겼다. 하지만 이 책에서 윌슨 교수는 인간과 일부 개미 집단의 진화를 설명하는 중심에 집단 이타성을 배치하고 있다.

그가 처음『사회 생물학: 새로운 종합』을 출간하면서 몰고 온 파급력까지는 아니라고 해도 이 책에 담긴 내용은 분명 인간 진화에 대한 새로운 논의거리를 제공하고 있다. 아쉽게도 윌슨 교수가 2021년 12월 세상을 떠남으로써 그가 더 이상 직접 논쟁의 한가운데에 설 수는 없게 되었다. 그럼에도 한 가지 쟁점이 만들어지면 가지치기를 거듭하면서 새로운 논의가 만들어지는 서구 학문의 풍토상 설령 윌슨 교수가 없어도 지금까지 간과해 왔던 수많은 새로운 논의들을 통해 여러 사회, 그리고 인간을 포함한 사회성 동물들의 기원과 특성 등에 대한 이해의 폭과 깊이가 달라지게 될 것이다. 그리고 윌슨 교수가 밝히고 있는 바와 같이 인간을 충분하고도 정확하게 아는 것이 인간의 생존을 포함해 여러 문제에 그토록 중요하다면 설령 전문적인 생물학적 지식이 부족하다고 해도 집단 선택을 둘러싼 이 책에서의 논의를 차근차근 살펴볼 만할 것이다.

2

월슨 교수는 철저한 유물론적 진화론자이다. 다시 말해 그는 창조론자가 아니며, 외부에서 어떤 영적인 힘이 개입되어 진화가 이루어졌음을 거부한다. 그의 생각에 이 세상의 모든 생명체는 물리적, 화학적 법칙의 지배를 받는, 또한 자연 선택을 통한 진화의 굴레를 벗어나지 못하는 존재들이며, 인간 또한 예외가 아니다. 월슨 교수는 학문이나 종교적 의문을 근본적으로 해소하기 위해서건, 인류가 계속 살아남기 위해서건 이것을 위해 전제되어야 할 것은 인간이 예속되어 있는 생물학적 조건에 대한 심층적인 이해라고 주장한다. 그에 따르면 이 이해가 충족되어야 비로소 인간이 가지고 있는 여러 의문과 문제에 대한 제대로 된 답을 찾을 수 있다.

그렇다면 인간은 어떤 진화 과정을 거쳐 지금과 같은 모습을 갖추게 된 것일까? 이와 관련해 이 책에서 월슨 교수가 초점을 맞춰 설명하고 있는 개념은 '진사회성'이다. 진사회성 집단은 사회성을 갖춘 동물들이 이를 수 있는 최정상에 위치하고 있는 집단으로, "전문적인 역할을 담당하는 일부 개체들이 다른 개체들에 비해 번식을 적게 하는, 높은 수준의 협력과 분업이 이루어지는 집단"을 말한다. 이러한 진사회성에 대해서는 크게 두 가지 의문이 제기될 수 있다. 첫째, "사회를 위해 일하는 많은 개체가 번식을 중단할 경우 어떻게 발달된 사회가 진화할 수 있었을까?"라는 질문이다. 답변은 "집단의 일부 구성원들의 희생이 다른 경쟁 집단들에 비해 그 집단에게 충분한 이점을 제공한다면, 그러한 구성원들은 자신들의 생명을 단축시키거나, 자신들의 개별 번식을 줄이거나, 두 가지 모두를 실천에 옮길 수 있다."라는 것이다. 이처럼 그는 집단의 이익에 도움이 될 경우 일부 개체들이 집단을 위해 이타성을 발휘할 수 있다는 소위 집단 선택 이론을 통해 진사회성에 대한 의문을 해소하고 있는데, 또 다른 윌슨인 데이비드 슬론 윌슨(책에서 윌슨 교수는 그가 자신의 친척이 아니라고 농담을 하고 있다.) 뉴욕 주립 대학교 빙엄턴 캠퍼스 교수는 이러한 입장을 "이기적 개체들이 이타적 개체들을 누를 수 있지만 이타적 개체들의 집단은 이기적 개체들의 집단을 누를 것이다."라는 말로 요약하고 있다.

흥미로운 것은 이러한 진사회성 집단을 이루고 살고 있는 집단은 지금까지 알려진 것이 17종에 불과할 정도로 극히 희귀하다는 사실이다. 만약 이러한 집단이 그 어떤 집단보다도 살아남을 가능성이 크다면 훨씬 많은 종에서 진사회성의 발달이 이루어졌어야 할 것이다. 하지만 그렇게 되지 않은 이유는 무엇일까? 이것은 진사회성에 제기되는 두 번째 의문인데, 윌슨 교수는 일부 계급의 진사회성 개체들이 이타성과 이기성이라는 양면성을 가지고 있는 데에서 그 답을 찾는다. 즉 "하나 혹은 그 이상의 유전자 돌연변이가 진사회성 군락을 탄생시킬 수 있지만, 원래 유전체의 나머지 부분은 모두 홀로 사는 생활에 적응된 채 남아" 있다는 것이다. 만약 집단을 이루는 일부 개체들에게서 홀로 사는 생활에 적응된 측면이 완전히 사라져 버리면서 오직 이타적인 특성만이 남게 된다면 아마도 진사회성 집단이 훨씬 빈번하게 나타났을 것이다. 하지만 이러한 전환이 이루어진다고 해도 그러한 개체들에게 이기적으로 살아가는 측면이 여전히 남아 영향력을 발휘하기 때문에 진사회성 군락이 탄생하기 어려웠을 거라는 것이다.

윌슨 교수는 일부 벌과 개미뿐만 아니라 인간 또한 진사회성 집단을 이루고 살아가는 존재임을 은연중 드러내려하고 있는데, 인간에 대한 그의 입장의 타당성을 곧바로 확인하기에는 이 책에서 다루고 있는 내용과 증거가 다소 단편적이다. 이 문제에 대해서는 앞으로 훨씬 심도 있는 연구가 많이 이루어져야 할 것이다. 이처럼 윌슨 교수는 후학들에게 문젯거리를 던져 놓고 영원히 우리 곁을 떠났다.

3

윌슨 교수를 아는 사람이라면 그가 살아 있으면서 남긴 여러 업적을 익히 알고 있을 것이다. 설령 구체적인 업적까지는 아니라고 해도 『사회 생물학: 새로운 종합』, 『인간 본성에 대하여』, 『통섭』 등 우리나라에 소개된 서적만으로도 그가 적지 않은 영향력을 행사하는 학자임을 어느 정도 짐작할 수 있을 것이다. 퓰리처 상 수상자인 만큼 그는 해박한 지식과 문필력으로 비교적 생소한 분야의 학문을 널리 알려 왔고, 나 또한 인간을 심층적으로 이해하는 데에서 그의 영향을 크게 받았다. 과거에 일부 사회 진화론자(socio-Darwinist)가 미친 부정적인 영향으로 인간에 대한 생물학적 접근은 한동안 거의 금기시되어 왔다. 마치 모든 측면에서의 강한 결정론을 함의하고 있기라도 하듯 인간에 대한 생물학적 설명은 비판을 받기 일쑤였고, 이로 인해 설 자리를 잃고 주변부를 맴돌 수밖에 없었다. 지금도 이러한 경향이 크게 달라진 것은 아니다. 그럼에도 많은 증거 수집과 이론 개발 등으로 인간에 대한 생물학적 설명은 과거에 비해 훨씬 객관성을 가지면서 새로이 조명을 받고 있는데, 이것은 윌슨 교수의 기여에 힘입은 바 크다. 이제 인문학과 생물학을 오가면서 인간에 대한 심층적 이해를 촉발했던 그가 손수 쓴 새로운 글들은 더 이상 접할 수 없게 되었다. 하지만 그가 준 인간과 사회 이해에 대한 영감만큼은 후대의 학자들은 물론 일반인들에게도 매우 긴 파장을 드리울 것이다.

옮긴이

김성한

찾아보기

옮긴이 김성한

진화 윤리학자.「도덕의 기원에 대한 진화론적 설명과 다윈주의 윤리설」로 박사 학위를 받았고, 전주 교육 대학교 윤리 교육과 교수로 재직하고 있다.『인간과 동물의 감정 표현』,『동물 해방』,『사회 생물학과 윤리』,『섹슈얼리티의 진화』등의 책을 옮겼다.

새로운
창세기

1판 1쇄 찍음 2023년 2월 1일
1판 1쇄 펴냄 2023년 2월 15일

지은이 에드워드 윌슨
옮긴이 김성한
펴낸이 박상준
펴낸곳 (주)사이언스북스

출판등록 1997. 3. 24.(제16-1444호)
(06027) 서울특별시 강남구 도산대로1길 62
대표전화 515-2000 팩시밀리 515-2007
편집부 517-4263 팩시밀리 514-2329

www.sciencebooks.co.kr
한국어판 ⓒ (주)사이언스북스, 2023. Printed in Seoul, Korea.
ISBN 979-11-92107-34-9 03400